市長的口袋食堂

林右昌 ×45 家基隆美食

作者序

基隆展新貌，美味再升級

如果要找出代表台灣小吃特色的城市，南部是台南，而北部無疑就是基隆了！

與府城相仿，位居北台灣玄關之鑰的基隆，開發甚早，自十七世紀大航海時代以來，即在世界商業貿易的地圖中占有一席之地。這四百年來留下了西班牙、荷蘭、法國、日本人的足跡，也因為港埠設備齊全，加上鄰近瑞芳、九份及金瓜石的煤礦及金礦的開採，位於要塞之地的基隆，成為碼頭工人、貿易商、運輸業者、藍領階級的匯聚地。就是這樣的深厚的歷史背景及文化內涵，讓基隆的風味美食海納百川，造就了多元的小吃特色，逐漸發展出獨特的飲食文化，奠定了基隆在北台灣美食第一的寶座。

如同基隆港一樣，開闊的港灣張開雙臂迎來世界各色人種的文化及思維，這種來者不拒的熱情好客精神，是種實驗的文化熔爐，咀嚼後成為特有的基隆特色。不分種族、不分顏色、不分省籍的風味美食，在這裡都得到伸展的空間，各自擁有一片天。如今貨櫃運量雖然已經下滑，但取而代之的是外觀現代又新穎的大型郵輪，載來一批又一批的各國遊客，不但更豐富了基隆美食小吃的深度，也發展出雨港專屬的潮流味。

基隆南來北往的過客很多，因此古有俗諺「基隆無城，食飽就行。」一句話道盡了過去基隆雖然因基隆港而繁華，但也因為沒有建城，人才外流嚴重。不過，換個角度看，卻也間接地呈現包羅萬象的庶民文化，孕育出大碗又滿意的平民小吃。

在這個早期就開發的城市裡，只要沿著蜿蜒的巷弄前進，隨時都能發掘出新的美食驚喜，或是在一個山腰旁，或許是在深巷裡。在這個美食之都，我相信每個基隆人心中，都有一套自己認為招待外地親友的最佳菜單，隨處一個無名店家，都可能是不輸名店的低調美味。

我跟許多基隆長大的在地囝仔一樣，都在這個擁有深度及厚度的小吃天堂中滋養成長。基隆有許多獨步全台的特色小吃，吉古拉、大燒賣、大腸圈、營養三明治、泡泡冰、鼎邊趖……在美味之外，每一道菜的背後，都有深層的文化意涵，值得細細探索及品味。

人家說靠山吃山、靠海吃海，「基隆人，食海口」就是這個意思。因為得天獨厚的地理位置，讓基隆擁有全台最鮮美的漁產，春夏有飛魚卵、鎖管、胭脂蝦、鯖魚、白帶魚；秋冬有黃金蟹、軟絲、煙仔虎、大明蝦、馬頭魚。其中鯖魚捕撈量佔全台七成，基隆可說是鯖魚的新故鄉，當然不能少的還有胭脂蝦、劍蝦及大明蝦這個基隆蝦三寶。蝦三寶有多夯，我不講大家可能不知道，廣受大家喜愛的米其林一星餐廳鼎泰豐的蝦餃，用的正是基隆正濱漁港拖網漁船所捕的劍蝦，原因無他，就是這裡的海產尚青。

而有台灣築地市場封號的崁仔頂漁市，則是北台灣最重要的漁獲拍賣市場。這個深夜的露天市集，傳承了自日治時期就有的嘶吼競價模式，每天漁船入港後卸載下的漁貨，新鮮直達崁仔頂。一簍、一簍活跳跳的現撈仔，眼見為憑地鮮活在眼前，喊價聲讓人緊張卻又帶著濃濃的人情味，那種從凌晨持續到清晨的叫賣，展現了港都特有的生命力。

走過了小吃的風華、歷經了熱炒店的歲月，現在的基隆早已不是昔日的吳下阿蒙。在市港再生的各項建設陸續啟動、城市快速翻轉之際，我希望已擁有ＴＯＰ級海鮮食材的基隆，除傳統小吃之外，也能透過大師級名廚的巧思及料理手法，將豐富的特色海鮮融入到料理中，成為能躍上國際級的精緻佳餚，更蛻變為擁有特色海鮮餐飲的美食之都，以提昇基隆漁產的價值及國際能見度。

吃美食可以療癒人心、看美景可以讓人放鬆心情。在基隆，張開雙臂可以擁抱大海、迎著海風可享有美景，到和平島觀日出、到潮境賞落日。這裡有條通往忘憂的大道，歡迎你跟著這本書中的介紹腳步，來到這個人文之都、甜蜜之都及美食之都，大快朵頤，發掘你不知道的基隆。

基隆市長

林右昌

食之都

基隆

美

昔味

目錄

風味餐廳

特色小吃

咖啡輕食

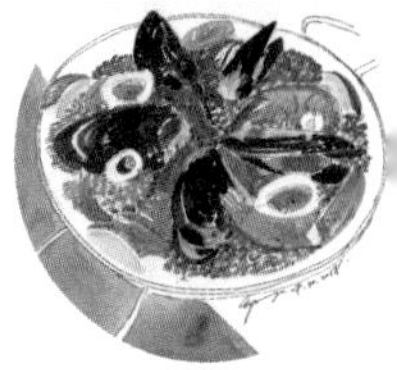

美食區塊戀

紅燒雞腿 魯肉飯
Esperanza. 06.24.2018.

熱鬧風味餐廳

說大不大、說小不小的基隆，
大街小巷的風味餐廳眾多，
且涵蓋了南北各路的多元料理。
受到丘陵地形地貌的影響，
這裡餐廳的規模或許比不上鄰近的台北或新北等大都市，
但也藉著豐富的海洋物產擁有一批死忠老顧客；
也有因為眷村聚落的成形，
而有獨樹一格的風味料理；
當然也少不了因融入地區，
而產生具信賴感的在地餐廳。
但無論初始時，餐廳是在什麼情況下開幕的，
共同的元素，就是一定要有幾道招牌的料理絕技，
讓人吃來後意猶未盡、一試成主顧的吸引力。

真摯台菜一吃上癮
廣海食堂

如果要知道基隆市長林右昌宴客最常指定的餐廳是哪家，那麼廣海食堂若不是第一也是第二。廣海食堂大概也是最容易捕捉野生林右昌的地方之一。

無論是接待黨政高官、媒體高層或是名嘴，每當林右昌需要宴客時，他的腦子裡總會出現廣海這個選項，甚至有許多時候都會是首選。因為對他來說，來這裡用餐就像回到自己家一樣，儘管環境簡單了點，甚至沒有包廂或隔間，但他卻依然覺得自在無需遮掩，也能真正暢快地大啖美食。

若你以為廣海的老闆肯定有著什麼特殊的「背景」，那可就想錯了。雖然林右昌也算是熟客之一，其實他與廣海食堂並沒有淵源，甚至在他當選市長之前也不曾相識。只不過林右昌一吃成主顧、吃上了癮，據說曾經一個月來光顧了七、八次，所以只能說，這一切都是被老闆謝榮賜的手藝所挑起的。很難想像如此受歡迎的廣海食堂其實地方很小，甚至還有企業大老闆直接對謝榮賜說：「要不要換更大的地方開餐廳，我投資你」。

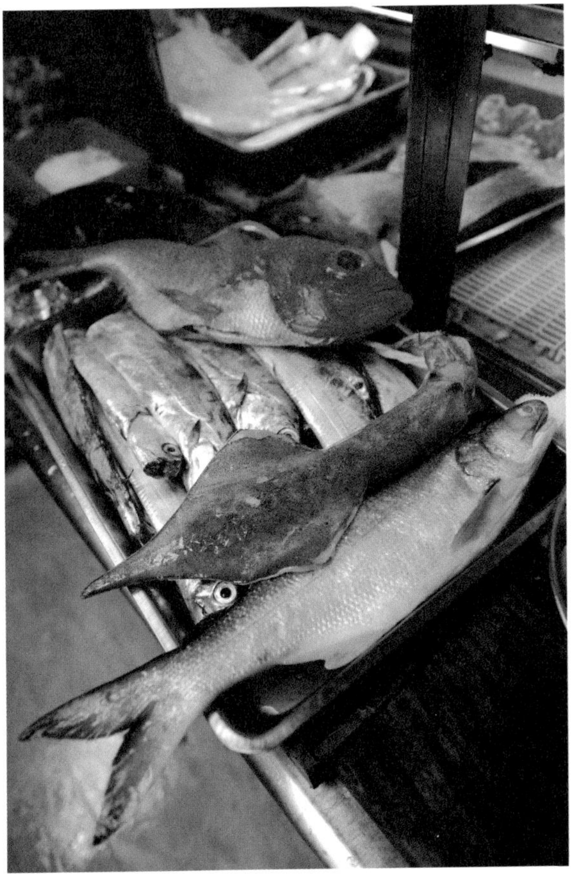

在基隆廟口起家的謝榮賜，從日本料理的學徒做起，他還做過泡泡冰、開過鴨肉攤、賣過粿仔湯，大宴小酌幾乎無所不學，也練就了一身的好廚藝。問他如何能無師自通，他的回答挺有自信的：「我看看菜、嘗一下就知道做法了。」顯然對於自己的手藝非常自豪。只是雖然謝榮賜每階段的創業都做得有模有樣，卻總沒有堅持到最後，往往在做出靈魂及特色後，就交由他人接手經營，「成功不必在我」這句話彷彿在謝榮賜身上，發揮到了極致。

用餐環境如家自在

就算沒有氣派的門面及裝潢，廣海食堂的菜色卻依然沒有漏氣，又儘管菜單上已滿滿地寫下數十樣的菜色，但是老饕們總是一進門，就直接走到廚房窗口，問今天有什麼特色或新鮮的「奇巧」菜。包括林右昌也是，只要一來到廣海食堂就會直接走向廚房口，去交待他想吃的菜。「七、八成客人都不點菜啦！他們只會問有沒有魚？有沒有雞肉？有什麼生魚片？」，所以廣海食堂雖有制式菜單，但大家卻習慣把這裡當成無菜單的餐廳。

雖然已經開店數十年，但謝榮賜卻依舊維持每天凌晨到崁仔頂去挑漁貨。問他難道是不放心放手給漁貨商嗎？他笑笑說：「這是我的習慣啦！」而從挑漁貨的小細節，不難看出謝榮賜對食材的堅持。

就算已擁有一批死忠的饕客相隨，也有企業主想要出資讓廣海食堂擴大經營。不過，開餐廳有其辛酸與不足為外人道的疲憊，所以謝榮賜還是想維持自己體力能夠負擔的規模大小就好，甚至一度因為太忙沒幫手，讓他想乾脆結束營業。但幸好原本學機械的兒子謝秉志看到父母的辛苦後，決定辭職回家接手餐廳的經營，也讓有第二代加入的廣海食堂有了傳承及延續感。

食材新鮮料理用心

店內的招牌菜酥炸白帶魚，是林右昌必點且永遠吃不膩的菜色。雖然看起來賣相普通，不過就是炸魚搭配蝦餅，但一口咬下，外皮香酥、魚肉細緻帶汁，吃完立即想再吃一片。

「白帶魚一定要現撈的才好吃。」謝榮賜說，過去夏季才有的白帶魚，現在一年四季都能看得到，只是有些店家為圖方便，以油帶魚來取代。

可騙得過一般客人但騙不了行家，謝榮賜認為，白帶魚的口感是油帶魚無法比擬的，所以縱使價格稍貴一點，他也只挑北台灣桃園大溪至新北金山沿岸當天現釣的白帶魚。

把白帶魚切到適當的大小後薄沾太白粉，再以一六〇度左右的油溫將魚炸熟，撈起瀝乾，再用高溫油炸進行第二次的「搶酥」，所炸出的白帶魚才能既有酥香外還

能保有軟嫩及濕潤。原來這看起簡單的炸白帶魚，其實蘊藏了廚師細膩的心思與功力。

來到廣海食堂，品嘗招牌的旗魚米粉自然也不可少。有別於旗魚煮湯後肉質會乾澀的刻板印象，這裡的旗魚吃來竟還帶著軟嫩，謝榮賜說：「我選的可是旗魚的下巴肉，利用這部位的油脂及膠質，就可避免肉質變柴。」另外，米粉湯加了櫻花蝦、芋頭及蛋酥一起煮到濃郁，這吸收了滿滿高湯及魚汁的米粉，層次豐富吃來也相當飽足。

一道乍看似涼拌青木瓜的菜色，入口才知道原來是涼拌美人腿，謝榮賜運用創意把泰菜變成以台灣食材為主的台菜。選自鄰近金山的茭白筍，再以手工現切確保爽脆口感，他笑著說：「來廣海食堂工作的師傅們，最辛苦的應該就是切筊白筍了，因為我要求他們一定要現切現賣，才能維持品質。」

由於選的筊白筍夠嫩，因此連汆燙都不必，就當生菜般加入辣椒、蒜頭、白醋混合拌勻（亦有殺菌作用），調味後再放上花生及香菜，這道涼拌酸辣茭白筍帶著讓人無法抗拒的魔力。就算桌上已擺滿了佳餚，但總是會讓人在不知不覺間又加點了這道涼拌菜，畢竟那種酸中帶點微辣的味道，讓人想到就口水直流，尤其夏天吃來真的好開胃。

當然來到基隆海鮮是一定要吃的，尤其是鎖管，廣海選用的是每隻十四兩至一斤大小的中卷，不但口感厚實，料理變化也多。像是中卷先用胡椒、五香粉及醬油稍醃一下，然後裹上少許的地瓜粉快速油炸，再淋上糖醋醬汁，吃來酸酸甜甜極有彈性，美味而迷人。

一如許多基隆的餐廳給人平實且風格簡單的感受，廣海食堂真的就像是自家的食堂，沒有太多的規矩也沒有花俏的裝潢。來這裡用餐，你只管自在地大啖美食，而吃到的是精挑細選的食材與廚師的料理功力，吃到的是美食最重要的靈魂。

廣海食堂
基隆市中正區信三路 10 號
02-24222202
營業時間：10:30-22:30

七滋八味，勁道的川菜魅力

蜀風小吃店

在暖暖這個地方，連人情味都很溫暖！

位於車流量不少的源遠路大馬路旁，蜀風小吃店光看店名，就是知道這是家外省小餐館。走進店內，牆上的菜單果然寫著，魚香肉絲、麻婆豆腐、宮保雞丁等各式熱炒，還有大滷麵、牛肉麵等，都再次說明了這是一家以川菜為主的料理餐廳。

一九六〇年代初期，海軍在十六坑旁購買農地，興建了當時叫「美齡庄」的影劇六村眷舍，提供給許多從大陸來台有眷無舍的官兵居住。而一九六五年，影劇六村旁蓋起的海光一村，則作為海軍有眷官兵的職務宿舍。從此以後碇內這個地方，就成為基隆最大的眷村聚落，生活在這裡的人，也不分貧富或族群互相扶持與照顧。

眷村裡的住戶來自大江南北，到台灣落地生根、娶妻生子後，也成為一個跨疆域及省份特有的竹籬笆文化。

蜀風小吃店的老闆、人稱老鄒的鄒新魯，原本是位海軍軍官。他說因為自己原本就好吃，加上同學又多，過去在家裡請客總是搞得人仰馬翻，所以退伍後乾脆開個小館，賣起擅長的牛肉麵及熱炒。祖籍四川的他，當然也取了一個容易辨識的店名「蜀風」。算一算從開店到現在，蜀風小吃店也已經走過了將近四十年的歲月。

透過美食 化解成見

過去因為意識型態不同，對絕大多數的民進黨人來說，眷村的竹籬笆簡直就是一面無法靠近的銅牆。但對喜歡吃麵食的市長林右昌來說，眷村各式的南北美味，卻是令他心醉的饗宴。因此在他當年參選市長，卻還不知該從哪裡尋求眷村支持時，他也只是依循著忠實的味蕾，來到眷村外的蜀風小吃店吃飯，結果竟一試成主顧，就此愛上那外省牛肉麵的滋味。

後來林右昌只要經過暖暖，就一定會到蜀風小吃用餐，這時間一長、次數一多，就連老鄒也開始注意到他。不知在吃了多少回的麵後，有天老鄒的太太突然問林右

昌：「我看你很認真，你是真的很想要我們眷村的票嗎？」林右昌點頭，接著鄒太太又說：「那你把你的名片放在櫃檯吧！」

又某天傍晚，林右昌在拜訪行程告一段落後，再次來到蜀風小館吃他熟悉的美味。沒想到吃完牛肉麵正要走出店門時，老鄒的兒子追了上來，對他說：「我蠻欣賞你的，你跟其他民進黨的人都不一樣。」原來這碗牛肉麵不但開啟了兩人的情誼，也為他打開了竹籬笆的大門。後來也是老鄒的兒子帶著林右昌進入了眷村，逐家逐戶地拜訪，讓他有了表達理想及爭取支持的機會。這股暖暖之情，充滿了全身，至今都讓林右昌難以忘懷。

透過食物來交朋友，真的更能化解心中原本固執的定見，這則故事林右昌不知說過了多少次。但每次說來都還是帶著豐沛的感情，畢竟對他而言，蜀風小吃店除了滋味擄獲他的胃外，也讓他看到了滿滿人的情味及跨越鴻溝的友誼。

剛開始蜀風只賣川味料理，但眷村就是個南北省份匯集的大熔爐，尤其老鄒娶了個台灣老婆後，也融入了台菜的口味。不僅店裡的選擇更多樣、風味也很多元，就連不敢吃辣的人來這裡也能開心用餐。

牛肉麵 湯頭濃

「我特別喜歡這裡的牛肉麵、水餃及各式小菜」林右昌說。有個山東籍姑丈的他，對於麵食是特別地喜歡，他稱讚蜀風小吃店的牛肉麵湯頭濃郁、非常道地，還說只要一陣子沒吃到就會思思念念。而高齡九十餘歲的老鄒，雖然現在已將館子交給兒子經營，但夫婦倆每回聽到市長要來用餐，也還是一定要來跟林右昌寒暄幾句，彷彿就是當自己的兒子回家了。

牛肉麵及炸醬麵是店裡的人氣招牌，也是林右昌最喜歡的味道。牛肉麵用的是腱子肉，燉到軟嫩入味外也吃得到牛筋的彈性，川式風味的牛肉麵自然少不了豆瓣的醬香及辣椒的滋味，讓人捨不得留下一絲絲的湯汁在碗底。這裡的四川炸醬麵也是一絕，手工剁成的絞肉，加上獨門醬汁炒製的炸醬味道噴香，麵條、肉醬搭配小黃瓜絲，吃來既濃郁又爽口。

蜀風小吃店的五更腸旺醬汁濃厚，將豬血、肥腸及酸

菜完美組合，真的是最好的下飯菜，尤其辣度及鹹度都夠，用來拌飯一不小心就讓人多吃了兩碗。而到川菜館必點的宮保雞丁，用的是乾辣椒，色澤紅艷讓人看了胃口大開，大火快炒的雞肉軟嫩好嚼，最後加上絕不能少的炸花生，吃來很過癮。

同樣是經典川菜的回鍋肉，吃的是三層肉的嚼勁及醬香。肉片加入蒜苗、豆乾炒熟，再放些青椒來提味，吃來帶點肥卻又不膩，也是齒頰留香的風味菜。還有以豆瓣為靈魂的魚香烘蛋，也很值得推薦，先以小火炒出豆瓣香味後加入蛋汁，待色澤呈現金黃時淋上配料，烘蛋吃來鮮嫩細滑、豆瓣味香濃郁。

另外，蜀風小吃店裡的玻璃櫥櫃中有著各式的滷味，每一樣都是當天現滷，也帶點台式滷味風味。這些滷味不僅是吃麵不可少的配菜，像是肥腸、腱子肉、豆干、海帶等等，都滷得十分入味，也是來到蜀風小吃店不容錯過的美食喔！

蜀風小吃店
基隆市暖暖區源遠路 206 號
02-24578062
營業時間：11:00-20:00
公休：不定休

酸香韻滿，滋味大好

宣騰莊

酸菜白肉鍋，是北方麵館宣騰莊的招牌菜色。鐵鍋中高聳的煙囪不斷冒著炊煙，鍋裡的湯汁沸騰冒泡，那股勾人食慾的酸白菜香撲鼻而來，實在叫人垂涎。夾起一片肥瘦均勻的五花肉，在鍋中來回浸涮，等到肉片顏色由紅轉淡，成了名符其實的「白肉」後方才算熟。放入嘴中，豬肉香腴嫩口，吸附了湯汁的香氣，也絲毫不膩。以舌尖輕輕一抵，肥腴的部分立即化散，滿嘴餘香，留下的瘦肉部分在嘴中細細咀嚼，尾韻綿綿。

乍看之下，豬肉似乎是這齣火鍋劇中的主角，但其實「酸白菜」才是其中不可或缺的靈魂關鍵。六十五年次的老闆王奕元，醃起白菜駕輕就熟，二十幾年的經驗，讓他得以精準地判斷發酵狀況，適時調整醃漬時間。他說，夏季悶熱白菜易腐，清洗過後的生白菜，直接抹上

一層鹽巴醃漬，再加以重石壓置到出水，不用兩個星期便風味盡出；而冬季的白菜，則需先過水汆燙才能醃漬，因此等待時間較長，至少需費上一個月之久。再以發酵完的白菜為基底，煮出底蘊豐厚的酸香湯頭，不論浸涮何種食材，都帶有一股獨特的清爽滋味。

魂牽夢縈的家鄉味

王奕元說，曾有位年約八十歲的老榮民，來到店裡用餐，嘗了一口酸白菜火鍋後，激動地留下眼淚。後來老榮民還向他道謝，說那是他想念了一輩子的家鄉味。啜飲火鍋湯頭，對不識鄉愁滋味的這一輩台灣居民而言，是清新的滋味，酸得純淨、毫不銳利；然而對那些自大陸退守便遺留在基隆的老榮民們而言，那股酸味卻是直逼心坎兒底，在午夜夢迴時無數次竄升出記憶的海底，是最令人魂牽夢縈的家的滋味。

吃鍋圍爐，總讓人想起團圓二字，而王奕元的家庭曾因餐館而離散，也因餐館而重聚。王奕元出身餐飲世家，其父從前經營的北方館，走得是高檔的精緻路線。他憶起求學階段，總是下了課就得直奔廚房幫忙，無論洗菜、包餃子樣樣都得做，而他現在醃漬白菜的功夫，也是那時的餐廳師傅所教授的。對王奕元來說，當時在餐館裡忙進忙出的父親，是他眼裡的通天大樹，而那巨大的樹蔭，也撐起一整個家。

只是後來因為經營不善，餐館生意逐漸落寞。所以為了支撐餐館，王奕元的父親開始跟地下錢莊借錢，但錢雖然是借到了，生意卻依舊未見起色。於是在王奕元讀高中時，家裡的餐館倒了、房子也被迫賣了，自此父親避走他鄉，而沒了大樹，家人也分離四散。因為惦記著家人，和心中家的滋味，退伍後的王奕元，就用自己掙來的錢，在老家七堵區的開元路上，開了現今的宣騰莊。

北方麵餅　應有盡有

不過同樣是做北方菜，但王奕元的宣騰莊卻不走從前父親富麗堂皇的精緻路線，改以經營起較為樸實的家庭小館。他用過去學來的手藝，白手起家也親自掌廚，更因王奕元的好手藝，讓來餐廳用餐的客人源源不絕。最終他接回了父親，使家人和兄弟再次重聚。而現在的宣騰莊有王奕元坐鎮廚房，他的妻子則負責外場、招呼客人，兩個還在求學中的女兒遇到休假也常回家幫忙。這平淡樸實的生活，王奕元比誰都

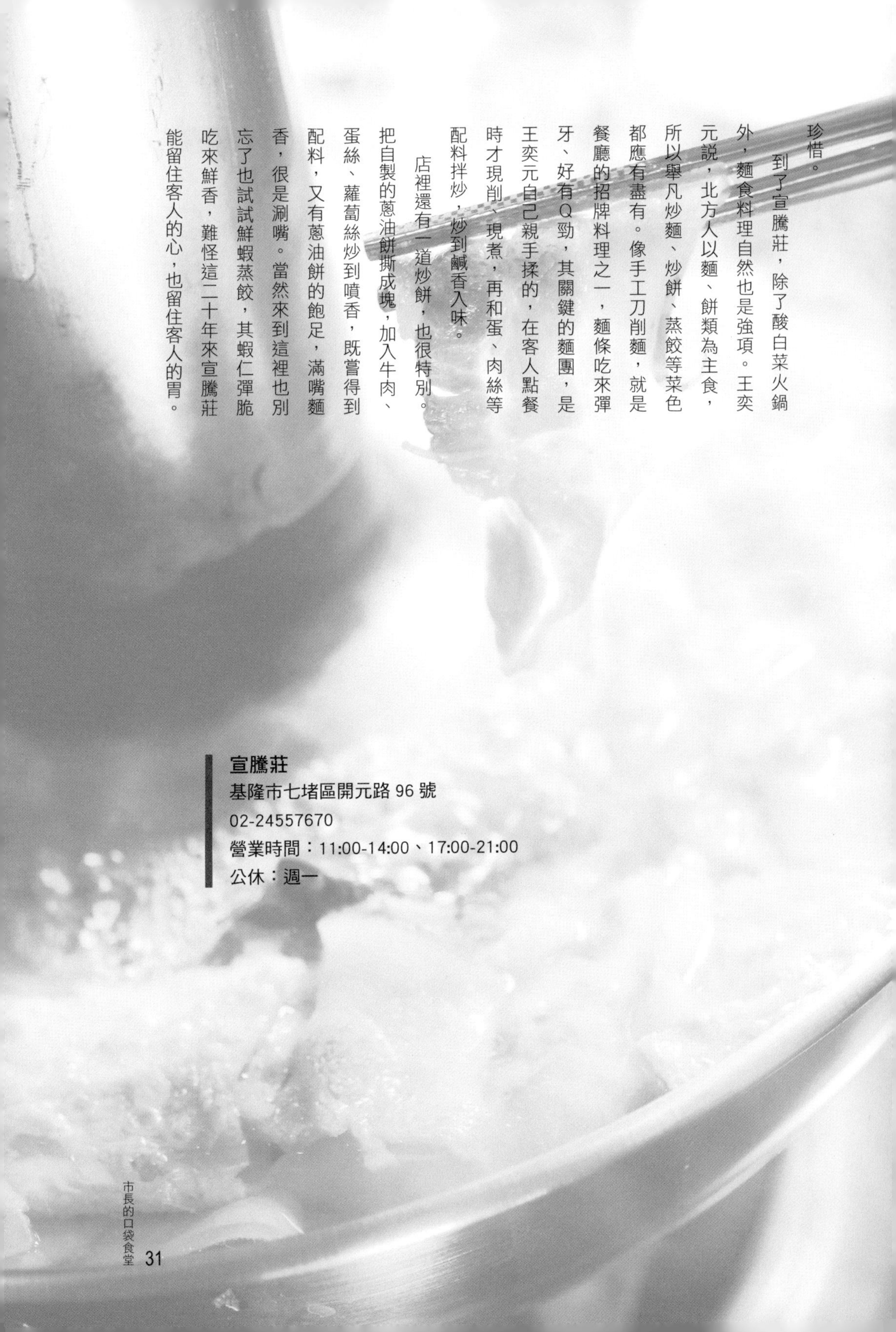

珍惜。

到了宣騰莊，除了酸白菜火鍋外，麵食料理自然也是強項。王奕元說，北方人以麵、餅類為主食，所以舉凡炒麵、炒餅、蒸餃等菜色都應有盡有。像手工刀削麵，就是餐廳的招牌料理之一，麵條吃來彈牙、好有Q勁，其關鍵的麵團，是王奕元自己親手揉的，在客人點餐時才現削、現煮，再和蛋、肉絲等配料拌炒，炒到鹹香入味。

店裡還有一道炒餅，也很特別。把自製的蔥油餅撕成塊，加入牛肉、蛋絲、蘿蔔絲炒到噴香，既嘗得到配料，又有蔥油餅的飽足，滿嘴麵香，很是涮嘴。當然來到這裡也別忘了也試試鮮蝦蒸餃，其蝦仁彈脆吃來鮮香，難怪這二十年來宣騰莊能留住客人的心，也留住客人的胃。

宣騰莊
基隆市七堵區開元路 96 號
02-24557670
營業時間：11:00-14:00、17:00-21:00
公休：週一

非吃不可，各路菜色精彩上桌
暖暖小館

位於暖暖老街上的暖暖小館，在一九九七年開業，前身是以湘菜為主的湖南小館，而當時的主廚就是現任的老闆吳佳福。那時吳佳福就已經把餐廳當做自己事業努力，料理的好口碑讓許多人慕名而來，也打響了餐廳的名號。

其實在湘菜館工作之前，吳佳福早就經營過西餐廳、當過老闆。當時他的兒子吳忠信年紀還小，回憶父母經營餐廳的過往，他說：「我從小在餐廳長大，或許是耳濡目染，也讓我喜歡上餐飲這件事。」畢竟從小就在餐廳看著父母忙進忙出，吳忠信算是很早就了解做餐飲這行得面對的壓力。

後來湖南小館的老闆在二〇〇七年退休時，便把餐廳交給吳佳福經營。當時餐廳已開業十年到了面臨轉型的時期，所以吳佳福在接手後把餐廳改名為暖暖小館，使店名更具地方特色外，也在料理上加入更多元的風味。

產地直送　品質保證

暖暖是基隆最多眷村的行政區，自然有許多的外省佳餚，而暖暖小館除了提供道地的外省菜外，也配合在地人飲食習慣，在調味上做了調整。當然口碑極佳的蔥油餅、餡餅、鍋餅、抓餅等傳統麵點，在這裡同樣還是吃得到，只是內容更豐富增加了海鮮、台菜、川菜等各式料理。

由於吳忠信的母親是雲林人，因此暖暖小館的食材多選用產地直送的當季農產品。所以如果在店裡看到堆積如山的西瓜或是蘿蔔，可千萬不要驚訝，因為這些農產品，正是吳佳福父子用來變化出美味料理的最佳元素。

像冬天是台灣白蘿蔔及蒜頭豐收的季節，而雲林生產的白蘿蔔清甜多汁、蒜頭肥碩個頭也大，於是這個季節也成為吳佳福父子倆僅次於準備年菜外最忙碌的時刻。他們把蘿蔔用百香果醬醃漬成帶酸甜爽口的百香蘿蔔，來當作餐廳的前菜，而曬乾的蘿蔔則可用來煮菜脯雞湯。另外，白蘿蔔也可用來做成黃金好彩頭（醃蘿蔔），吃來甘甜脆口，是餐廳很受歡迎的小菜之一。

除此，這些白蘿蔔也會被用來製作成蘿蔔糕。這加了蝦米、臘腸及臘肉的蘿蔔糕，口味雖偏廣式卻又不那麼油膩，在推出後意外大受歡迎，如今已成為暖暖小館的招牌年菜及熱門伴手禮之一。沒想到光是白蘿蔔一樣食材，在這裡就變化出四款以上不同風味的料理。

湘味豆腐 美味誘人

店裡的招牌菜相當多，像是老少咸宜的成都子排。選後豬肋排帶油脂的小排部分，先醃後油炸而成，因為加了A1牛排醬及少許番茄醬來調味，更有烏醋的點綴，讓這道排骨吃來軟腴滑嫩，一點都不澀口。

堪稱為創新中國菜的左宗棠雞，現在也是暖暖小館的人氣菜色之一。吳忠信說，雞腿肉切丁先用醬油抓醃後，以高溫油炸讓外皮帶乾焦但內部仍保有肉汁，再加入蔥

段及辣椒快炒，調味裡也加了少許番茄醬，讓雞肉吃來帶點甜味。

餐廳的菜單裡有道口味偏台式的芥末香皮蛋，為創新起因於吳忠信妹妹的創意料理。因為她喜歡吃皮蛋卻又怕那股類似阿摩尼亞的化學味，因此父親吳佳福想到了用日本芥末來消抵皮蛋味道的方法。他把皮蛋燙熟後，淋上調入少許美奶滋的芥末，再撒上肉鬆條及柴魚，就變成了意想不到的獨門美味。

而湘味豆腐也是暖暖小館的招牌菜之一。將暖暖在地製作的手工有機豆腐，加上肉絲、豆豉、蒜末及辣椒燒煮，就成了一道軟滑入味且帶辣的豆腐料理，光是只吃這道菜就可以讓人配上兩碗飯。不過，過去燴豆腐用的是小辣椒，因為客人反應實在太辣，所以現在改用大辣椒，使得味道較為柔和不過於嗆辣。

另外，看起來氣勢就很誘人的砂鍋魚頭，則充滿了沙茶的醬香味。吳忠信說，「將新鮮的鰱魚頭先用醬酒抓醃後去腥，再下油鍋炸到香酥，最後放入火鍋中不僅噴香也很耐煮。」還有將鹹蛋黃炒過與綠花椰菜拌炒的黃金花椰菜，則為純一色的蔬菜增加了一些視覺的趣味性，鹹蛋的流沙吃起來口感沙沙的，鹹香宜人，色澤也很誘人。

「我希望暖暖小館能讓人有回家吃飯的感覺」，年紀尚輕的吳忠信，對於暖暖小館有一份堅持，也為了父母想保留餐廳原有的風味。不過，他也與兩個學烘焙的妹妹一起許下夢想，希望暖暖小館能在他們這一代得到傳承及延續外，未來行有餘力，或也能再為暖暖小館開闢一家屬於年輕世代流行型態的餐廳。

暖暖小館

基隆市暖暖區暖暖街 159 號

02-24588106

營業時間：11:00-14:00、17:00-21:00

公休：週四

一個人也享受的好味道
築間幸福鍋物

台灣人愛吃火鍋聞名，原本是冬天才時興的鍋物，如今一年四季都很暢銷。近三年來以鮮活海鮮之姿風靡全台，甚至到中國開設餐廳的築間鍋物，最初就是從基隆起步。老闆林楷傑是個道地的基隆囝仔，創始店「竹間」就開在有台版築地市場之稱的崁仔頂漁市附近，用以便於取得最新鮮及穩定的魚貨來源。

二〇一〇年竹間創立，林楷傑說：「當時竹間在餐飲圈還是一張白紙，前半年幾乎都在賠錢。」經過不斷調整後，這個打破過去火鍋需要共餐模式的個人鑄鐵小火鍋，因能享受到現炒石頭火鍋的桌邊服務而逐漸走紅。半年後竹間才終於轉虧為盈，個人式的石頭火鍋受到歡迎，也引發排隊的熱潮。

三年後竹間火鍋的版圖推進到大台北地區，因為海鮮品質穩定，使這家來自基隆的火鍋店備受台北人喜愛。但林楷傑的野心不僅於此，二〇一五年竹間鍋物更踏足有火鍋王國之稱的台中市，在市區精華地段相距不到一〇〇公尺內，連開了三家店。林楷傑密集開店的勇氣，一時在餐飲界廣為流傳，「其實就是應付一間店消化不

了的客源，又為了不讓客戶久候，才決定在隔壁開設第二、三店。」

原本僅是基隆的一家小餐廳，看似在一夕之間聲名大噪，也吸引連鎖加盟，但其實為了這天，林楷傑可是做了許多準備。像是為了新鮮及高品質的海鮮貨源，他收購了上游的水產公司，就為確保物流及海鮮供應的品質與流暢度，也能有效控制成本。

副店長許豐偉說：「每天清晨從崁仔頂運來的新鮮海鮮，在急速冷凍後，就會進行各門市的配送。這個供應鏈不但提供直營店所需，對於加盟店的客製化需求，也能快速挑出最速配的海鮮組成，再透過快速配送，讓魚貨到各門市時，依然像現撈仔一樣活跳跳。」

在經營及貨源穩固後，二〇一七年竹間也正式改名為築間餐飲集團，並跨足上海成立海外總部，瞄準有十三億人口的中國市場。雖然跨海經營的成績目前還無法評估，但以集團經營模式，也讓築間躍上更大的舞台，已不是當年那餐飲界的新人了。

石頭火鍋 香氣無法擋

說到築間，大家第一個想到的，應該就是那爆香味道濃郁誘人的石頭鍋了。看著許豐偉俐落地將麻油、蒜末及洋蔥在鍋內炒香，此時導熱迅速的鑄鐵鍋已經飄散出噴香的氣味，讓人食指大動，接著倒入高湯以及一匙祕製醬汁，招牌石頭鍋的鍋底就完成了。而客人可以選擇自己喜歡的肉類或是海鮮，加入鍋中烹煮，就是築間最受歡迎的台式風味石頭火鍋了。

在石頭火鍋聞名後，築間又研發了一樣得先爆香材料的韓香老饕鍋。用麻油

築間幸福鍋物（南榮店）

基隆市仁愛區南榮路 64 巷 5 號 2F

02-24282222

營業時間：11:30-04:00

公休：無

充分熱鍋後，放入蒜頭、青蔥、乾魷魚、乾香菇等爆炒，再倒入醃好的美國肋眼牛肉炒至四到五分熟，然後將肉撈起來，再倒入高湯，就成了這一鍋帶著牛肉汁精華的老饕鍋。跟石頭火鍋一樣，老饕鍋也是一推出後就大受歡迎。

為了讓口味更加多元化，築間的菜單也不斷地增加。光是風味湯底的選項，就從原本石頭鍋、柴魚昆布湯底，到川味麻辣、鮮菇奶香、韓式泡菜、養生藥膳及韓香老饕鍋等，樣式可謂相當多元，即使一個星期內天天都來上一鍋，也不會有重複的風味。

而店內相當受歡迎的龍王鍋，是海鮮加肉品的海陸總匯組合。包括有鮑魚、干貝、蛤蜊、鮭魚、草蝦、鯛魚、海鱺、鮮蚵等等，一鍋吃盡所有的海鮮好料，澎湃又滿足。如果搭配的是和牛板腱肉，那軟腴爆脂的和牛肉，入口真的猶如帝王般享受。

喜歡清淡口味的人，不妨試試鮮菇牛奶鍋。淡淡的奶香味，讓火鍋吃來更為滑順，搭配伊比利豬肉，肉質緊實Q彈不澀口；喜歡吃辣的人，可以嘗試個人麻辣鍋，配上Prime等級的肋脊去骨安格斯牛小排，湯頭辛辣卻不嗆喉，而大口吃肉就是有滿足感。

除火鍋外，築間也新增了鐵板燒及日式料理等新餐飲型態，可惜目前在基隆還只吃得到火鍋，期待未來在創始的基隆店也能有更豐富的餐飲選項。

粿仔 45
冬粉 45
肉焿麵 45
肉焿米粉 45
肉飯 20
油麵 30
焿 45
龍肉焿
金龍肉焿·基隆

繽紛特色小吃

若要談起基隆的特色小吃，
沒有三天三夜可能說不完。
靠海吃海的基隆，
就連小吃都將海洋之都的特色發揮得淋漓盡致。
品嘗漁貨不用說，一定是現撈仔最鮮，
而修剪後的零碎魚肉，再經過巧手揉製、混合後，
發揮巧思就成為各式魚漿製品。
進而演變成「基隆限定」的特色小吃，
吉古拉、大燒賣、鯊魚丸及天婦羅 ...... 種類不少。
來到這裡別約束你的胃口，
請大快朵頤、盡情享受，
因為過了此村就沒有此店了。

鮮滑細嫩，粿仔香
郭家巷頭粿仔湯

說起郭家巷頭粿仔湯，會讓人想到「大隱隱於市」這句話。怎麼說呢？因為對一個初次來訪的外地朋友而言，郭家粿仔湯就是一處藏身巷弄間外觀並不顯眼，但是如果你找對了地方，就會知道它其實就在熱鬧的安樂市場旁，也是一家很多基隆人都知道、有口碑的老店。

而且當你以為不過是點了幾道看起來也一點不稀奇的粿仔湯跟小菜，一邊納悶一邊將只有簡單醬油膏調味的粿仔送入口中，心裡可能都還想著這家店究竟是有哪裡特別？但最後，你一定會對那撲鼻而來的粿仔香氣感到怦然心動。放下其他雜念細細咀嚼，赫然發現這用純米做成的粿仔滋味，原來可以這樣地溫柔脫俗。

每每聽到客人對粿仔的讚美，第三代的老闆林嘉鴻都會說，這是父親對他的交代，「做粿仔絕對不能偷工」。

一碗粿仔，一段移民奮鬥史

有別於一般市面上常見用在來米粉做的粿仔，郭家粿仔至今仍然承襲著阿公當年的手藝，老老實實地用原粒的台灣在來米去磨漿、蒸煮製成。聽起來好像很簡單沒什麼了不起，但其實用純米做的粿仔除了手工繁複外，賞味期限還只有短短一天，是許多店家不願承擔的成本風險。

每天得花四個小時親自做粿仔的林嘉鴻笑著說：「粿仔搞怪！粿仔就得趁新鮮吃才好，不然口味會變。」不過，雖然賞味期限只有一天，但好味道是不寂寞的，郭家巷頭粿仔湯就算一天可做二〇〇斤的新鮮粿仔，還是常常沒到打烊時間就已賣完，賣沒完也只能提早收攤。

粿仔、粿條或客家人稱的粄條，是廣東潮汕地區很常見的平民美食。林嘉鴻說：「基隆很多賣粿仔的都是潮州人。」不說不知道，這一碗看似簡單的粿仔湯，原來還見證著一段潮州移民為生計拚搏、在基隆落地生根的奮鬥史。就像郭家巷頭粿仔湯第一代創業者郭永桂（現任老闆林嘉鴻的阿公），在一九四九年從潮汕地區來到台灣後，為了養活一家人，就在現今店址旁的巷口挑起木擔賣起了粿仔。

由於基隆天氣濕冷，居民一般愛吃有熱湯的湯粿仔，加上這一帶鄰近碼頭，早期有許多碼頭工人，使得方便食用的乾粿仔也非常受歡迎。憑著好區位與好口碑，慢慢地生意越來越穩定，郭永桂的賣粿仔的小擔子後來變推車攤，也在基隆買了房子……最後攤車收了起來，店面就遷移到了現在的位置，也就是搬到由第一代創業者郭永桂胼手胝足才換來的「起家厝」中。算一算郭家巷頭粿仔湯的好味道，在基隆也已飄香了七〇年。

要吃請早，晚來吃不到

想要體會這讓人怦然心動的粿仔米香，推薦一定要吃這裡的乾粿仔。為了掌握食材品質，店家連豬油都自己炸，粿仔滿溢的米香跟Q滑的口感，搭配醬油膏、嚼勁十足的豬腸與芫荽襯托下，真的超好吃。湯粿仔又是另一種不一樣的享受，別看湯粿仔的湯頭看起來很清透，但嘗過一口就會明白，滋味濃淡恰如其分，林嘉鴻說：

「畢竟主角是粿仔，所以湯頭不能濃到蓋過到粿仔的香。」

從攤車變成店面之後，林嘉鴻的媽媽也順勢開發了多種以前攤車無法販售的小菜，除了有吉古拉（竹輪）、油豆腐、菜頭這類滷味外，還有豬頭、內臟黑白切。而且跟一般滷味不一樣，郭家巷頭粿仔的滷味是甜的，淋上店家自己配製的醬油膏跟甜辣醬，讓油豆腐更顯得清甜甘美，尤其是吉古拉的自然鮮美，會使你翩然意識到基隆作為一個海洋城市的美好。

而店家也不嫌料理豬頭、內臟黑白切的工序太過麻煩，展現十足誠意堅持每天親自處理，不僅處理得乾淨無腥味，更因賣相佳、口感好而大受喜愛，客人也常是晚一點來就吃不到了。

另外，店家還有一道蠻特別的小菜叫「豬眼睛」，在彰化一帶也有人會以「龍眼」來稱呼，這道小菜在一般的小吃店並不常見。雖然說是豬眼睛，但請不用擔心，店家不會真的端上整顆駭人的豬眼球來跟大家大眼瞪小眼。豬眼睛主要是以頭骨附近較嫩的肉，切成片狀汆燙，再蘸醬油膏或甜辣醬吃，口感相當細嫩，而靠近眼窩附近的稀有部份，吃起來則相當有彈性，非常推薦給喜好嘗鮮的朋友。

郭家巷頭粿仔湯

基隆市安樂區安一路 100 巷 31 號

02-24235740

營業時間：09:00-14:30；17:00-22:30

公休：月休兩天，不定時

基隆造好味，炒出一片天
廣東汕頭牛肉店

在基隆的千百種滋味中，若要說起它最獨有的味道，不少人會想起沙茶咖哩。

沙茶咖哩是來自基隆「流浪頭」（亦稱流籠頭，為過去煤產以流籠運輸出來的地方）的特殊美味。只是這源自於印度的咖哩，怎麼會和廣東潮汕的沙茶醬，發生碰撞、結合，進而成為基隆獨有的美味？原來這特殊的味道得回溯至一九四九年，從國民黨撤退來台說起。

當時跟隨著國民政府來到台灣的各省移民，從基隆登岸後，有人繼續流浪最終落腳他處，也有人從此定居基隆。於是那些來到基隆的廣東汕頭人，就把家鄉的沙茶帶進了港都的山城，從炒麵攤販開始做起，也讓沙茶這一味，就此在台灣生根發揚。

現在流浪頭指的範圍，約是基隆中山區復旦路、中華路至中山三路一帶。在這裡光是一條復旦路上，賣沙茶咖哩牛肉的店鋪就有四家，也因此老基隆人又稱這裡是「基隆牛肉一條街」。其中最老的一間創始店，就是廣東汕頭牛肉店。這家店的老闆林廣省，就是當年撤守來台的移民之一，而他落腳基隆後，便是以賣家鄉汕頭口味的沙茶牛肉維生。後來當時在基隆跑船的船員帶回來了南洋的咖哩，於是林廣省便把自己調和過的咖哩粉加入沙茶中，用來爆炒牛肉。

咖哩、沙茶兩種濃烈滋味，在他的鍋裡反覆地碰撞出激烈的火花，使濃上加濃、重上加重，最後孕育出一道獨創的特殊滋味，也引燃饕客味蕾上的熊熊烈火，就此林廣省的牛肉攤也一炮而紅。往後這道沙茶咖哩風味，更從路邊以布袋搭建的小攤販，換到水泥磚瓦的店鋪，甚至港口造船廠還特別幫林廣省打造了一支鐵鍋鏟，以表示對他的支持與喜愛。後來周遭店家相繼效仿，也各

自衍生出獨樹一格的風味，不僅點燃流浪頭沙茶咖哩的競爭戰火，也讓沙茶咖哩，成了基隆港都的代表滋味。

牛肉炒麵 香味撲鼻

林廣省以一把鐵鍋鏟炒紅了咖哩沙茶牛肉，讓老客人一吃就是六十年。如今，這把鍋鏟也交到了第三代老闆林啟昌的手裡。林啟昌坦言，剛接手時「壓力很大」。畢業於美國密西根大學的林啟昌，在返台等待畢業的期間，回到了老家的牛肉店幫忙，沒想到原本的幫忙後來變成了交接，於是他再也沒放下鍋鏟，一做就是十多年。

比起辛苦，林啟昌說他更不捨父母辛勞，也不願這老味道無人承接。他手上的這把鍋鏟，曾陪著爺爺打下江山、陪著爸爸將好味道遠播，剛開始握在他手裡，卻使他感到如山一般的沈重。他憶起接手之初，曾有老客人批評料理味道「完全走樣」，幸好他不氣餒也沒生氣，反而是走出廚房問清楚其中的差異之處。林啟昌說，客人就像老師，每一次做菜都是一次的學習。

店裡的沙茶咖哩牛肉炒麵，不只份量大，過去還講究厚重鹹香。林啟昌說，早期的重鹹文化，是為了讓在碼頭勞動整日的工人，得以補充流失的鹽分。但隨著現代人健康意識抬頭，如今的沙茶咖哩已不像當初那麼地厚重，不過雖然調整了鹽度比例，卻仍保留住鹹香。這道沙茶咖哩牛肉炒麵，採用牛後腿肉以咖哩沙茶醬大火爆炒出香氣，鎖住牛肉的鮮度。熱騰騰的咖哩炒麵一上桌，那撲鼻的香氣擋都擋不住。濃郁的沙茶加上咖哩的馨香，再搭配上微苦的芥蘭，讓味道鹹香都很有層次。林啟昌表示，麵條還是用純麵粉做的烏龍麵，不僅咬感扎實帶有麵香，更容易吸附醬汁凸顯鹹香風味。

另外這裡的牛肉也是一絕，用的是現宰的溫體台灣黃牛，吃來不似一般軟嫩的口感，彈牙又有嚼勁，頗有咀嚼的樂趣。還有清燉牛肉湯也值得推薦，湯頭以大骨和牛肉熬煮數個鐘頭，再加上中藥材，喝來風味淡雅，嘗得到牛肉的鮮甜清香，而牛肉則是用牛肋骨部分的「條子肉」，帶有嚼勁的口感，風味十足。

獨樹一格的咖哩沙茶，火紅超過了一甲子，有時代造就、歷史使然，也融合了港都繁華的過往，成為基隆獨特的美食滋味。

廣東汕頭牛肉店

基隆市中山區復旦路 17 之 6 號

02-24233797

營業時間：11:00-14:30、17:00-21:00

公休：週一

香氣逼人，巷仔內好滋味
正老牌咖哩麵

講到基隆的咖哩炒麵，大家可能會先想到廟口跟七堵，不過這裡要跟大家介紹一家，在地基隆人心中也相當有份量的咖哩麵—正老牌咖哩麵。對老基隆人來說這家位於義二路、飄香將近五十年的麵店，其實有個更熟悉的稱呼「參議巷咖哩麵」。會稱作參議巷是因為，過去基隆參議會（基隆市議會前身）就設立在這條巷子內，所以大家也就習慣叫義二路二巷為參議巷。

早期就算沒有招牌，這家參議巷咖哩麵就已經有口皆碑了，真的可以說是只有老基隆人才知道的巷仔內美食。後來店家掛上豪氣的「正老牌咖哩麵」招牌，也果然引起更多人的注意，店內牆上還有份二〇〇三年的報導指出，當時第二代的老闆娘褚陳桂提到店名的由來，她表示「賣了三十多年的咖哩麵，當然要叫『正老牌』。」

特製烏龍麵　好味加倍

麵店第三代的褚老闆說，自家的咖哩炒麵是他的阿公，也就是第一代經營者所研發的。當時在大世界戲院

（現為麗榮皇冠大樓）前擺攤的阿公發現，雖然仙洞那邊的沙茶咖哩麵很受歡迎，但其實有許多客人都不喜歡吃沙茶，於是他就自己研究、改良咖哩麵的口味。尤其那個時代台灣的咖哩粉普遍偏辣、香味也不足，所以阿公不惜重本，利用基隆的港口優勢，加入進口咖哩粉一起調製。最後調出香辣兼具、口味獨樹一格的咖哩，更成功贏得基隆人的喜愛。

說起老店最受歡迎的招牌料理，無論是咖哩肉絲炒麵，還是咖哩什錦炒麵都各有擁護者。另外除了一般常見的炒油麵外，店裡也有炒細烏龍麵可供選擇。褚老闆說，烏龍麵是阿公時期就有的口味，當時還特別請合作的製麵師傅，做出比一般烏龍更細的麵條，因為細的烏龍麵比較能吸附湯汁。幸好當年的製麵師傅也將手藝傳給了徒弟，所以阿公的好味道到現在都還能繼續延續著。

褚老闆也說，過去林右昌市長最喜歡他們家的咖哩麵與鯊魚炒芹菜，只不過他擔任市長後因為公務相當繁忙，現在已經很難得有機會親自來吃。

以基隆在地人為主顧的老店，漁貨新鮮絕對是必要的條件，所以店裡的漁貨，都是店家每天凌晨三點去崁仔頂批回來的。因此這裡的鯊魚炒芹菜，不像一般鯊魚有腥味，尤其加上獨家的豆醬祕方鮮嫩入味，魚肚吃起來也入口即化，再搭配爽脆的芹菜一起吃，讓人不知不覺就把一大盤吃得精光。

欲罷不能 酥炸三層肉

紅燒豆腐則是許多女性顧客的最愛。先將雞蛋豆腐炸到金黃，再以豆瓣、醬油調味，配上洋蔥絲，豆腐的口感外酥內嫩，美味得讓人心花怒放。褚老闆笑說，很多

客人吃了覺得好吃，以為這道菜好像不難做，於是回家就想如法炮製，卻發現怎麼味道都不一樣。他表示，其實紅燒豆腐的製作關鍵在於醬料，而店裡用的醬油有先經過獨家調製，所以味道才會讓人難以模仿。

另外，褚老闆也推薦店裡的酥炸三層肉，他說這道料理在客人現點才會以獨家醬汁現醃、現炸。所以別看菜名覺得好像很普通，但上桌時一陣酥香撲鼻讓人食指大動，入口之後才完全理解原來它只有菜名貌似忠良，但實際上酥香的外皮不只撩人垂涎，更鎖住了鮮甜的肉汁，好吃得欲罷不能。

而店裡的青蚵煎蛋也很特別，褚老闆說，因為很多客人會誤以為是蚵仔煎，所以還刻意在招牌上寫成「青蚵炒蛋」來區別。做法是先將青蚵煎熟後，以醬油調味再加入九層塔煎蛋。這乾煎的鮮蚵越嚼越鮮，搭配甘甜醬油口感溫潤又鮮美，與九層塔煎蛋一起吃，滋味濃而不膩讓人齒頰留香。

最後老闆說：「很多時候店裡忙得不可開交，客人卻只說要咖哩麵，也不講是要肉絲還是什錦，要油麵還是烏龍，要炒的還是湯的，有時讓人很苦惱。」因為店裡料理種類多，過去也多以客製化的方式來服務在地老主顧，所以目前沒有菜單可供勾選，老闆希望藉此提醒客人在點菜時，請務必明確告知菜的全名以避免誤會。

正老牌咖哩麵
基隆市中正區義二路 2 巷 7 號
02-24234667
營業時間：11:00-20:30
公休：隔週四休

產地直送，最鮮美
老三無刺虱目魚

在盛產海鮮的基隆吃魚湯並不稀奇，但能在吃海魚吃到刁嘴的基隆人面前賣虱目魚湯，而且還可以賣得這麼受歡迎，那就真的是很不容易的事了。

在七堵赫赫有名的老三無刺虱目魚，其第一代老闆詹進成原本是福基煤礦的礦工，但一九八四年台灣接連發生土城海山煤礦、三峽海山一坑、瑞芳煤山煤礦等重大礦災，造成數百位礦工死傷後，不禁讓詹進成與家人為礦工生命安全感到擔憂，也因而下定決心要轉行。

但是對一個礦工而言，要轉行談何容易。儘管詹進成勤勞認真，卻也只能在燈飾

工廠謀得一份勉強餬口的工作，幸好後來出現了一個轉業的契機。「因為我妻舅的太太有親戚在台南養虱目魚，所以妻舅就跑去了台南學煮虱目魚，之後回花蓮開店生意還不錯，於是就建議我也跟他學藝改賣虱目魚湯。」談到這位妻舅，詹進成直說是他生命中的貴人。

天助自助，美味不寂寞

學成之後，在一九九三年詹進成先是在七堵市場旁的巷子裡擺了一個小小的、沒有招牌的攤子，每天從挑刺到料理都一步一步踏實、仔細的處理，除了睡覺之外其他時間幾乎都在工作。雖然賣虱目魚非常辛苦，但光是可以讓生活稍微寬裕一些，詹進成就已經很感恩、很滿足了。

然而天助自助，詹進成的努力很快就被老饕注意到。一對住在附近的記者夫妻，常常在下班時到七堵市場找晚餐吃，不但對這美味的虱目魚湯一試成主顧，還特地為他寫了一篇在地美食報導。報導一刊出就有許多人慕名找來，讓原本就不錯的生意好上加好，也讓詹進成只花了一年的時間就從小攤搬到現在的店面。

既然有了店面，就得考慮店名跟招牌。「因為我太太之前是在成衣廠工作，所以街坊鄰居都叫她『衫嫂』，而我在家裡又剛好排行老三，所以取了老三這個店名。」

抱著一份勤懇與真誠的心，老三虱目魚無論是魚肉、魚皮、魚頭、魚肚，甚至是滷肉飯都非常誘人。像是一大片霸氣的魚肚湯，湯頭用魚骨熬煮毫無腥味，還帶有一股自然的濃郁鮮甜，魚肚帶脂吃來柔嫩細緻，更完全沒有土味。最棒的是，吃到這麼一大片美味的虱目魚肚，真的會很感謝店家把魚刺處理得如此乾淨，讓人可以毫無顧忌地大啖美食。

除了虱目魚，滷肉飯也是老三廣受愛戴的招牌美味。有別於一般常見用現成絞肉做的滷肉飯，老三用的肉末都是每天自己切的，詹進成說：「雖然比較麻煩，但是自己切的跟機器絞的口感就是不一樣，而且滷出來的肉汁也比較香。」滷肉飯吃來鹹淡合宜、肥瘦比例適中、滷汁香潤不膩，再加上滷得香Q入味的鴨蛋，讓人每一口都大感滿足。

在地滋味，口感升級

詹進成表示，滷肉飯的做法最初也是跟妻舅習得，不過後來自己又加入了地域的差異性。「當時花蓮那邊的滷肉飯，是用肉皮切成四角去滷，但基隆客人吃不習慣，笑說是『肉皮飯』。」於是詹進成只好自己研究，最後選擇成本較高的大黑毛豬肉，以獨家的中藥、香料來滷，果然就讓他做出了在地人都滿意的口味。

另外，滷虱目魚頭是店家的隱藏版小菜，非常值得推薦。有別於南部像是台南會用西瓜綿（未熟瓜類醃漬品）去滷，詹進成則是以破布子、薑絲、辣椒，來滷出屬於

北部風味的虱目魚頭。這道滷虱目魚頭雖然部分帶刺，但新鮮又富含膠質，入味又不死鹹，不僅好吃，價格也很親切，是很多老主顧最愛買回家配酒的美味小菜。

由於許多在地顧客來市場買菜時都想順便喝上一碗好吃的魚湯，所以本來上午十點才開始營業的老三虱目魚，在顧客要求下開店時間已經越來越早，現在早上八點來就可以吃到。不過也因為每天從台南新鮮直送的虱目魚，必須經過仔細的除刺與料理，供應量有限，所以假日有時下午兩、三點就會賣完。建議向來品嘗好吃虱目魚的饕客們，一定要趁早喔！

老三無刺虱目魚

基隆市七堵區自治街 18 號

02-24551113

營業時間：08:00-19:00

（賣完就打烊）

公休：週二

大份量大滿足，進擊的「燒邁」
阿本排骨燒賣

一般人想到燒賣，大多會與港式飲茶餐廳的燒賣聯想在一起，但如果你問到的是基隆人，一定有超過八成以上的人會說燒賣的個頭很大。不同於港式燒賣的小巧可愛，在基隆買到的燒賣的份量，一個足足可抵上兩個以上的港式小燒賣。模樣驚人的基隆大燒賣，肯定會顛覆你對燒賣的既定印象。

溯源回到七十多年前，曾在小上海酒家擔任大廚的莊份，學會了很多港式點心的手藝，後來在他決定自行創業的時候，便在孝三路的騎樓擺了個小攤賣起燒賣及排骨酥。當時客人都以台語親切地叫莊份為「阿份」，沒想到有趣的是這「阿份」、「阿份」叫久了就變成了「阿本」，於是這個原本默默無名的小攤，也就將錯就錯地把店名取為阿本排骨燒賣。

做小吃攤生意最重要的就是要讓客人吃得飽，尤其位於人來人往的小吃街上，因此莊份將他擅長的港式燒賣點心做了些改良，同時把「呷巧」變成了「呷飽」。他商請製麵廠客製了比一般餛飩皮大上兩倍的燒賣皮，然後利用基隆在地的鯊魚漿取代港式燒賣裡的肉漿，最後加入豆薯、油蔥揉製成餡再做成大燒賣。

阿本的大燒賣不但做法與港式燒賣不同，吃起來的口感也完全迥異。加上利用巧勁摔打出筋度的魚漿餡蒸熟後，吃來細軟Q彈，還吃得到豆薯的爽脆，都為這基隆式大燒賣添加地方風味，更深化了口感與層次。而且尺寸之大就果真如店裡菜單上寫的「燒邁」一樣豪邁，三個大燒賣就差不多是一碗飯的份量，這時若再來上一碗排骨酥，一般人要飽餐一頓根本不是問題。

延續好滋味，傳承三代情

莊份的巧思讓大燒賣廣為流行，後來有許多小吃攤也開始紛紛仿效，最後變成了基隆的招牌庶民美食之一，所以稱阿本為大燒賣的始祖，可以說是一點都不為過。在騎樓擺攤半年後，莊份在原本只有燒賣及排骨的品項外，又增加了麵食來豐富客人的選擇性，也開拓了更多的客源。

只是做路邊攤生意始終有著顛沛及不安定感，更讓阿本前後搬了四次家，可以說是吃足了苦頭。看到了阿本的好生意，就有房東對房租一漲再漲，讓莊份夫妻大嘆吃不消，也下定決心要買間屬於自己的店面，於是阿本排骨燒賣就一路從孝三路搬到中山路，最後又搬到忠二路的現址。

第二代的經營者莊麗香是莊份的長女，她從十二歲起就開始幫忙父母做小吃生意，也延續了阿本排骨燒賣的香火及手藝。儘管只是經營一個小店，但莊麗香堅持只要開門做生意就要一身光鮮亮麗且笑臉迎人，更數十年如一日，因此成為地方

上的傳奇人物，大家都喜歡稱她為「賣麵西施」。
阿本排骨燒賣第三代的接班人是莊麗香的媳婦張慈怡，談起因肺腺癌而辭世的婆婆，她話匣子就關不上，眼裡也充滿了崇拜及思念之情，「我真的是很佩服我的婆婆，她十八般武藝樣樣都會，最重要的是，她做生意的時候從沒喊過辛苦或是倦勤。」從她們身上完全看不到一般人家常有的婆媳問題。

跟著婆婆做了十五年生意，張慈怡自然承襲了上一代的好手藝，包燒賣、做排骨都難不倒她。儘管早已是獨當一面，但她仍謙虛地說：「我覺得每天來開店，都像是第一天。」這看似簡單的一句話，其實隱含了許多來自婆婆莊麗香的言教與身教。張慈怡眼裡的婆婆永遠是那麼地漂亮迷人，她表示即使是盛夏站在爐灶旁全身熱得冒汗，婆婆依然保持著優雅的身段及樂觀的態度，此外每週六還會陪著先生去跳交際舞，工作及家庭都不僅都能兼顧也充滿熱情。

「她招呼客人的技巧，我永遠學不來。」張慈怡雖然謙稱自己比不上婆婆，對工作有著無比的熱忱。身形纖弱的她，仍是不畏接觸熱湯滾水的辛苦，毅然決然地扛起第三代的經營責任，避免阿本燒賣後繼無人的命運，而且也毫不後悔。

因為張慈怡知道這不僅是一種責任，更是一種榮耀，尤其婆婆交代給她的一句話：「利潤是其次，但味道一定要保持住。」令她不敢或忘。在婆婆過世後，張慈怡也在阿本排骨燒賣的店名上又加了婆婆的名字，代表著她對婆婆的尊重及追思，也代表著對家族事業的傳承。

軟嫩鮮美排骨酥

來到阿本除了大「燒邁」外，當然也不能錯過店裡另一道招牌的紅燒排骨酥湯。取用當天現宰的新鮮豬肉，將小排骨去骨加入胡椒、味噌、五香粉等辛香料醃製，再放些許魚漿來增加黏性及Q度，裹上薄濕粉後下鍋油炸，最後加清水用大火蒸煮四十分鐘，就成了入味卻不油膩的排骨酥湯。

有別於中南部的排骨酥湯味道濃厚卻容易膩口，阿本的排骨酥湯不但看來清爽，湯頭喝來也不膩。這功勞應該是來自日本進口的太白粉，加上採用濕粉炸的烹調方式，讓排骨蒸熟後不致於混濁了湯頭，更重要的是還能讓清水變成高湯。這杯排骨酥湯裡，滿滿都是豬排肉的精華，去骨後的排骨雖然偏瘦，卻一點也不乾柴，即便是牙口不好的老人家來吃也不必擔心。

另一個與燒賣及排骨酥齊名的魚丸湯，雖然不是店家主打的品項，但依然有著大批的擁護者。魚丸一樣是採用鯊魚漿當天現做，為了讓口感更Q且不乾柴，阿本並非取巧使用硼砂，而是技巧性地加入少許的豬肉泥及油蔥，再藉由攪拌的技巧讓魚丸口感更好。其魚丸形狀各不相同，即是手工捏製的成果展現，入口彈Q紮實非常的飽嘴，更帶有油蔥的香氣。

同樣是基隆特有的廣東麵，是比陽春麵略薄的麵體，口感介於台南意麵與中部陽春麵之間。用這種麵條做成乾麵是特別的好吃，加入少許油蔥酥、醬油及特製甜辣醬後，就成為基隆人的日常飲食，想瞭解基隆美味的遊客也不妨一試。

提到甜辣醬，其實各小吃店都有它自成一格的醬料比例，也成為店家各自的特色之一，就像阿本的攤頭上，那一小鍋橘紅色的甜辣醬一樣。這獨門的甜辣醬，用辣椒醬、糖、番茄醬、清醬油等六種以上的調味料製成，而且一醬通吃堪稱萬用，無論是淋在大燒賣、乾麵上，或用來蘸魚丸或吉古拉、油豆腐等小菜完全百搭。張慈怡笑著表示，這帶點番茄甜味的甜辣醬，入口後先甜後辣卻又不嗆，連小朋友都愛吃，更有老顧客總會要求在外帶時多給一份，可說是店裡的祕密武器呢！

阿本排骨燒賣 · 麗香總店

基隆市仁愛區忠二路 63 號

02-24232861

營業時間：07:00-20:00

公休：週一

香嫩飽口，驚艷庶民美食
崁仔頂紅燒鰻羹

天色近黃昏，孝一路的路燈才剛點亮，蔡天來跟太太、女兒們熟稔地推著攤車、擺放鐵桌椅，準備擺攤做生意。爐火不過才點燃就有熟客靠近攤子，直問說：「開始營業了嗎？」

對本地人來說，紅燒鰻的名氣可不亞於天婦羅或泡泡冰，是大家日常就會買回家的小吃。當外地人擠進基隆廟口去嘗鮮，正港基隆人則是會轉往另一側的仁愛市場或孝三路覓食，但無論是廟口或是市場，庶民的飲食文化及特色在基隆都發揮得淋漓盡致。

今年（二〇一八年）七十歲的蔡天來，做紅燒鰻羹已有三十五年了。就像與許多基隆人一樣，過去的他靠海及船運維生，開了一間小小的報關行，但在台灣退出聯合國後，基隆港的船務業務逐年減少，最後個體戶的報關行根本撐不下去，也讓他萌起轉業的念頭。

一只小攤見繁華過往

蔡天來雖然從沒學過料理，但為了生計他只好用土法煉鋼的方式，到廟口去看人家做菜。那時他可以靜靜地坐在一旁看著，有時一坐就是一下午，回家後再如法炮製，要是失敗了就明天再重來。沒想到經過半年，真的讓他學會了料理的撇步。

要在靠海的基隆做生意，海鮮當然是首選的食材，於是蔡天來選定了鰻魚為主角。但這殺鰻魚的「難」，卻讓他始料未及。一隻約五公斤的海鰻，得先取出中間的龍骨，然後再順著骨骼生長方向，斜取出骨髓旁的細刺，鰻魚滑手並不好控制，所以光是取刺這事就得花掉他半天的時間。

取刺、切塊後的鰻魚，得用米酒、紅麴、蒜頭先醃製一個晚上，第二天再裹上地瓜粉油炸。但光是找到對的地瓜粉也花了蔡天來一段時間，「我用不同粗細的地瓜粉試驗，反覆炸了二至三個月才找到最適合的口感。」

這裡所謂最適合的口感，就是鰻魚塊油炸後，外皮要乾乾酥酥的但魚肉又得保持軟嫩，除了選對粉外，最重要的還關乎油溫與火候的控制。

雖然是個只有賣五個品項的紅燒鰻小攤，這三十五年來依然活養了蔡家五口人。只是基隆下雨天數多，而小攤又是標準看天吃飯的行業，若因雨沒能擺攤生活就會有問題。因此蔡天來每天早上起床後，無論當時刮風或下雨，總是依例進行前置準備，直到傍晚要出門擺攤前才會視天氣情況判斷當日要不要營業，這種韌性也好似他的命中帶著一種跟老天爺對賭的性格。

「我是有登記列冊、有繳稅的攤販哦！」一邊端客人點的餐點蔡天來一邊說著。原來崁仔頂這裡的攤販都是固定的，尤其在舶來品街（孝二路一帶）最興盛時，入夜後周遭一片燈火通明，彷彿就是一座不夜城，當時的榮景至今仍讓他回味再三。「那時從新竹以北都有人來這裡買魚貨、買舶來品，也很常見開賓士、ＢＭＷ的大老闆們來這裡吃小吃。」但隨著舶來品街的沒落，攤商也寥寥可數，這繁華的過往看在蔡天來眼中有著不勝唏噓的感受。

料多味美大獲人心

不過，就算舶來品街風光不再，但在他的堅持與努力下，崁仔頂紅燒鰻羹也有自己的一片天，更早已與廟口的店家齊名，會來這裡的客人也以在地客居多。尤其許多老饕都知道，這裡的鰻魚切得較大塊、份量給得很足，問蔡天來怎會這麼大方？他說：「就是要給人客呷飽啊！」

店裡的羹湯喝來感覺只勾了少許芡粉，讓人有一種喝清湯的錯覺，湯中還搭配了幾片大白菜，滋味非常甘甜。而湯裡的紅燒鰻吃來不糊爛更不會散開，在保持表層嚼感外肉質也相當鮮嫩，實在很不容易。另外，雖然店家的主力是紅燒鰻魚，但自製的赤肉羹也很受到客人的歡迎，一樣裹上薄粉，赤肉入口紮實、不花俏，表面看似清清淡淡，實是入味三分。

基隆人喜歡的大麵炒（炒油麵）也很值得推薦。相較一般會在油麵淋上淡醬油的作法，崁仔頂紅燒鰻的大麵炒則是淋滷肉飯的滷汁，帶點中南部風格，雖說是味道較濃郁的炒麵，吃來也不會過油或過鹹。同樣一大鍋滷汁裡還有鴨蛋一起隨爐火滾動著，鴨蛋的Q彈咬勁是雞蛋遠不能及，而內行人也都知道滷肉飯加上一顆滷鴨蛋最是對味。

小小的一個紅燒鰻攤，不僅見證舶來品街的興衰，也傳承二代人的用心，經過崁仔頂，別忘了來上一碗。

崁仔頂紅燒鰻羹
基隆市孝一路 24 號店門口
0911-960825
營業時間：17:00-23:00

誠意至上，超越美味的料理細節

金龍肉羹

只要跟基隆在地人講「三沙灣」三個字，也許就有很多人會下意識開始嘰口水了。三沙灣是基隆的一個老地名，大概位於現在的信七路到中船路一帶，早在清朝時期就已成庄。因為鄰近天然灣澳，三沙灣在日治時期被規劃為漁船船澳，因此吸引許多漁民、漁市製冰廠、船舶修理廠等從業人員定居，也使地方更加活絡、熱鬧。

雖然在一九六八年到一九七一年間，三沙灣澳被港務局填平，但往後的五十多年，鄰近的中正路曾出現過一家戲院，每當強檔電影上映，都能為三沙灣一帶的小吃帶來人潮與生意，所以這裡也是很多老基隆人共同的生活回憶。雖然如今的三沙灣，既沒有灣澳也沒有戲院，人潮不若以往，但也就因為擁有高密度的美食小吃，所以在很多基隆人的心目中，始終有著難以取代的地位。

提到三沙灣美食，當然不能不提金龍肉羹。

還沒開動之前，細心的人可能就會發現，店裡用來盛羹舀湯的碗、筷與湯匙就已經很講究，因為有別一般小吃店常見的美耐皿、不鏽鋼或其他免洗餐具，金龍肉羹用的都是敦厚又溫潤的陶瓷，上頭還印有店名。原本猜想這是二代少年頭家簡國峰的主意，但他卻說從父親

肉焿粿
焿米粉
外帶區
肉焿
六月6日

簡金龍開始賣肉羹時就已經是用瓷碗，算算已經堅持了四十年。

問簡金龍為何堅持使用陶瓷餐具？他表示很多店家以為陶瓷厚重、成本高，但其實陶瓷只有重一點點而已，更重要的是陶瓷餐具還不像美耐皿容易缺角。「雖然成本貴了一點，但畢竟餐具會直接接觸客人的口，馬虎不得，如果有缺角可就不好了。」簡金龍說。不過近幾年台灣已經沒有廠商生產販售這樣形制的碗，所以為了追求品質，簡金龍還得特地到鶯歌跟廠商訂製，開模製作屬於自己店裡專用的餐具。

肉羹扎實，湯甘甜

雖然金龍肉羹賣的只是一碗實惠的庶民小吃，然而一點一滴長年默默傳遞給顧客的，是店家堅持樸質、真誠又溫柔的待客之心。

簡金龍說，他小學畢業後就在廟口做學徒學做肉羹，一天的工資只有五元，當年沒有冰箱也沒有瓦斯，每天都是以煤炭生火來煮肉羹。學了十多年後自己也改良了口味，終於在一九七六年租下南榮路的店面創業賣肉羹，以肉羹生意一路拚搏，直到九〇年才終於買下今天三沙灣的這家店面，經營迄今。這些年來不僅拉拔兒子長大成家，後來也幫忙接手店裡的生意，另外包括前場、後場加起來也有十多名員工。

從當學徒開始到自行創業，算一算，簡金龍煮肉羹已經超過了半世紀。肉羹對於簡金龍來說不只是餵飽顧客的小吃，也是讓自己成家立業、讓許多員工家庭得以溫飽的手藝，也就是因為這樣的深厚情感，讓金龍肉羹始終有好的品質，讓顧客一吃就能感受到。

金龍肉羹以豬前腿肉裹上新鮮魚漿製成，吃起來彈牙鮮脆、口感扎實。近似琥珀色的羹湯，勾芡勾得很薄，所以湯頭顯得格外清澈，喝起來還有著濃郁而不嗆辣的胡椒香氣，厚韻中帶有清甜。美味的

羹湯是以豬大骨熬成的湯頭做底，加上時令蔬菜與肉羹的鮮，味道才會如此的自然甘甜。而且為了追求好的品質與口味，金龍肉羹冬天用白菜、夏天則用竹筍來煮，這樣依照時令去挑選食材，才能讓顧客吃得健康又美味。

美味要訣，非新鮮不賣

問簡金龍在食材上有沒有需要講究的地方？他表示並沒有特別獨到之處，但「豬肉最重要的就是新鮮」。他說有些店可能會把當天沒賣完的食材冷藏起來，第二天再繼續賣，但其實到了第二天滋味與口感就已經完全不同，所以簡金龍堅持不把賣不完的東西隔天再拿出來賣。不過說真的，金龍肉羹應該很少遇到賣不完的時候，好比搶手的豬腳，常常下午二、三點去吃就已售罄。

想到金龍肉羹的滷豬腳，又忍不住要嚥一下口水。豬腳選用的是肉質較Q的前蹄膀，經過仔細整理後，再以店家的獨門配方下去滷，滷熟待冷卻後才會去骨。滷豬腳的豬皮吃來爽Q不軟爛，豬肉口感扎實也滑嫩不柴澀，甘醇且鹹度適中，吃來唇齒間還有微微的滷料芳香。這時再蘸一點店家提供的辣椒醬，更是餘韻無窮。不過正由於豬腳滷工繁複，每天只能限量供應五十斤左右，加上有些老顧客常常一次來訪就外

帶好幾斤，讓金龍的滷豬腳常常下午就賣完。

說起金龍的辣椒醬，員工們忍不住透露，店裡的辣椒醬是老闆特別跟宜蘭廠商訂的，比起一般辣椒醬貴很多，但即使他們訂量大，廠商還是不肯給一點折扣。堅持要用這辣椒醬，簡金龍說除了好吃外，最重要的是用料單純、沒有化學色素與防腐材料，所以「給客人吃才能安心，不會傷害身體。」雖然員工開玩笑地抱怨辣椒醬很貴，每天要拿到冰箱冰存也很麻煩，但看得出來每個人其實都很認同老闆的做法。

另外，金龍肉羹的關東煮跟小菜也非常值得推薦。無論是入口即化、鮮甜美味的白蘿蔔，還是煮得入味且毫無腥味的柔嫩豬血，或是基隆在地才有的手工吉古拉、讓人口口滿足的油豆腐……每一樣都非常好吃。而店家自己調配的甜辣醬與醬油膏味道適中，與小菜搭配風味極佳，更由於講究健康食材，吃起來不會造成身體負擔，也讓金龍的沾醬不亞於主食也深受顧客好評。

金龍肉羹

基隆市中正區中船路 94 號

02-24229709

營業時間：8:00-19:00

公休：月休四天，無固定日期

白斬雞
封神
切仔麵

汁多肥美，嚴選出好味
封神白斬雞

乍看封神白斬雞，見到客人們坐在桌邊喝台啤、吃小菜，會以為只是一般的熱炒店，但走近店內，卻又會看到牆壁上畫著一隻大大的紅面番鴨，這時耳裡聽到的還可能是節奏輕快的日本演歌。沒錯，封神白斬雞，就是這麼一家蘊含著深度台式幽默與混搭品味的風味料理店。

料理檯前的透明冰箱裡，整齊地擺放著粉肝、鯊魚煙、軟絲、韭菜……雖然只是看似簡單的小菜，但每一樣都賣相誘人。

問老闆王進興店名為何叫「封神」？難道跟小說《封神榜》有關？他笑笑說：「很多人都會問這個問題。」旁邊的大姊忍不住幫腔：「就因為老闆很『封神』啊！」原來這裡的「封神」跟《封神榜》完全沒有關係，而是因為讀音近似台語「風神」，是愛出風頭、愛拉風、愛交朋友的意思。最後老闆也靦腆地承認：「我就愛交朋友，所以大家攏說我『風神、風神』。」

王進興解釋，店裡的牆壁上之所以畫了一隻大大的紅面番鴨，是因為開店之初是打算在冬天賣薑母鴨的。但是冬天過後薑母鴨的生意清淡，於是他就想暫時賣個白

斬雞跟切仔麵來撐過淡季，卻沒想到白斬雞跟切仔麵才推出就大受饕客歡迎，而且生意好到讓薑母鴨就此回不來了。指著店裡貼著「封神白斬雞」的柱子，王進興笑說：「這本來是『封神薑母鴨』的啊！」

食材好 誠意看得見

到底是什麼樣好滋味，可以在一個季節就打敗薑母鴨？其實光是看到封神白斬雞的賣相，就讓人恍然大悟，雞肉色澤在微微金黃中透著油亮，一看就令人食指大動。先挾起一塊原味雞肉送入口中，滋味鹹香適中、不柴不腥、鮮甜柔嫩，再挾一塊蘸著店家的辣椒醬油來吃，其香滑夠勁，更是讓人大感滿足。

跟老闆請教白斬雞好吃的祕訣。他說因為自己從小養雞，對雞很瞭解，所以有自己一套獨特的挑雞哲學，而店裡賣的也一定都是來自花東的放山雞。每天廠商送雞來的時候，他必定要親自再挑過，除了體型飽滿、未生過蛋的雞健仔外，雞隻的毛色還要光亮、摸起來肉要扎實韌彈才行。嚴格挑選的結果就是，廠商送來的雞，大

概一百隻當中只有二、三十隻能合乎他的標準。然而也就因為王進興挑雞幾近龜毛，廠商都說他簡直是雞的婦產科醫生。

同樣的食材堅持，也表現在封神這碗可比擬基隆版渡小月的切仔麵裡。別以為封神切仔麵的名氣沒有台南渡小月大，或者定價比一般滷肉飯都還要親切就小看它，因為無論是滋味或是CP值，封神切仔麵都毫不遜色。

切仔麵的湯頭以雞高湯為底，再和雞骨跟邊角部位繼續熬煮而成，輕輕啜上一口，雞湯香氣高雅濃郁，讓人深深感到喜悅。再挾起麵條送入口中，令人懷念的豬油鹹香淡淡迎來，原來店家在油麵上拌入了自製的豬油蔥酥醬油。

以為這一碗切仔麵只賣三十元也就夠誠意了，卻沒想到那兩片如配角般的豬肉片，其實也是老闆用心的所在。有別於一般湯麵裡柴柴的里肌肉片，封神切仔麵的

肉片卻宛如日本拉麵的叉燒肉一般讓人驚豔，不僅吸滿雞湯香氣、柔軟可口有嚼勁，更毫無豬肉腥味，不由得佩服起老闆的用心。

經典小菜 平實可口

問王進興為什麼投入餐飲這一行，他回答：「因為我自己也很愛吃。」就因為自身也是饕客，王進興對食物有著高度的誠摯與情感，他的這份熱誠即便只是品嘗店裡的小菜也可以體會到。雖然封神白斬雞所提供的小菜品項其實不多，除了基隆人常吃的鯊魚煙、軟絲外，就只有粉肝、花生跟韭菜，但每一道都相當細緻、好吃。

深知基隆人對海鮮的嘴刁，所以店裡的軟絲都是王進興每日親自挑選，以生魚片等級的新鮮大軟絲，水煮後冰鎮，質地Q彈有嚼勁。吃軟絲的時候，建議搭配店家醃漬的小黃瓜一起入口，更能凸顯軟絲的美味鮮甜。

封神的粉肝，是每天清晨從宜蘭直送而來。光是看到那細密的毛孔與帶著光澤的質地，就可以想像它的美味。將粉肝送入口中，果然細緻滑順、入口即化，吃得到滿口濃郁的肝醬滋味，令人流連忘懷。

涼拌花生跟韭菜則是王進興自己研發，樣貌平實而可

口。選用大顆飽滿的北港花生，水煮後撈起，再和鹹香的榨菜一起用北港麻油拌勻、放涼，裝盤後撒上蔥花，就是一道簡單、可口的下酒菜。這巧妙的滋味讓人容易一口著接一口，轉眼就把一整盤吃個精光。

匠心獨具的還有色澤翠綠、清爽的韭菜。王進興說：「韭菜清洗後，還得像摘茶葉的一心二葉一樣，用手一根一根摘取韭菜最嫩的部分，然後才能下水汆燙、冰鎮。上桌前再切段，撒上柴魚片、淋上薄薄的醬油膏，吃起來才會爽脆入味。」

最後還有一道菜單上沒有的三層肉，也值得推薦。新鮮的黑豬肉用雞湯煮熟、放涼，切成薄片後與薑絲一起上桌。三層肉吃來不僅完全不油膩，反而是滿口的爽脆清甜，也是常客們必點的隱藏版佳餚。

封神白斬雞

基隆市七堵區福五街 112 號

02-24512823

營業時間：週一至週五 16:00 －賣完為止

週六與週日 12:00 －賣完為止

基隆區漁會

尋味八斗子
春興水餃＋基隆區漁會

位於基隆最東邊的八斗子，是個三面環山的岩岸岬角，水域深廣、潮差溫和。這寒暖兩洋流匯集的潮境海灣，也因迴游魚類豐富，孕育了許多的海洋資源，除了是基隆最重要的漁產命脈來源外，更是北台灣最重要的漁場之一。

原本是為紓解正濱漁港漁船使用地不足而興建的八斗子漁港，自一九七九年啟用至今，不但早已取代了正濱漁港的地位，也成為目前台灣北部最大的漁港。其豐富的漁獲不僅造就了當地獨樹一格的漁港藍領文化，也聚集了許多漁工們喜愛的家常美味小吃。

美味無他 新鮮就好吃

有別於一般漁港多以海鮮聞名，八斗子漁港旁知名的熱炒餐廳雖然也不少，但特別的是，像正對著八斗子漁港的春興小吃店，最出名的居然是看似尋常的餃子。雖

然春興店內的牆上也寫滿了許多現炒菜單，但名氣卻都不若水餃、滷味來得受歡迎。別看店內的桌數不多，可縱使是用餐的離峰時間，人潮卻從來沒斷過，店家工作人員包餃子的手也沒停過，不難想像水餃的生意有多好。

而且讓人驚訝的是，春興餃子店的餃子選項就只有韭菜一種，沒有海鮮或是三鮮類等花俏又多款的水餃。千萬別因此就小看這一顆顆、外表也長得挺普通的水餃，何況春興水餃已經有將近八十年的歷史，其第二代經營者翁仁興及翁芷葳兄妹兩人合作無間，一人負責管外場，一個負責算帳務。然而說起這春興餃子的好手藝，就是由他們的母親所傳下來的。

兄妹倆的母親當年嫁給從浙江隨軍隊來台的翁爸爸後，為了增加些收入來源、拉拔家中嗷嗷待哺的孩子們，便跟著山東友人學起包餃子的技能，後來就開了一

家麵攤小吃店，春興水餃的風味就這樣一路流傳下來。這些從小吃餃子及麵食長大的兒女們，雖然自謙廚藝不如母親，但對於水餃風味的把關與堅持早已耳濡目染。

許多客人都會問他們：「你們家的餃子為什麼會那麼好吃？」店家的答案其實很簡單，就是「新鮮的就好吃」。新鮮其實是因為韭菜不耐久放，所以每天進貨多少就得包多少的餃子，久而久之現包現賣也成了春興的一大特色。另外，店家對於食材的挑選也相當挑剔，還特別採用來自花東及宜蘭地區的韭菜及青蔥。再加上對於拌餡料及調味這件事，翁芷葳相當嚴謹從不假他人之手，雖然她謙虛地說，餡料就是「韭菜加上少許韭黃，放入豬肉拌勻後調味而已，稱不上什麼獨門技術。」但她仍堅持每天自己動手。

店外的騎樓下，有座簡易的瓦斯爐，

是店家煮餃子的地方。翁芷葳說：「你看，我只有這個鍋，水滾開後把餃子下鍋，等到浮上來就熟了。」看著她駕輕就熟地示範煮水餃的方法，過程中沒有加冷水，也不必看水溫，一切憑的就是「經驗」，她笑著說：「其實煮水餃也沒什麼祕訣啦！」

現煮酸辣湯　誠意看得見

看似簡單的純手工韭菜水餃，個頭並不大，但吃來順口，餃皮滑順而內餡汁多，且沒有韭菜惱人的草腥味，吃完十個後竟然讓人想再追加一盤。尤其對平日食量不大的人來說，這真的是很神奇的經驗，春興水餃彷彿有著一股不為人知的神奇魔力。

吃水餃，當然得搭配酸辣湯！然而與一般麵店預先煮好的大鍋湯不同，春興水餃特別的是，即使廚房已經忙碌不已，但仍堅持酸辣湯要每碗現煮。這碗現煮的酸辣

湯，沒有過度加熱的鐵鍋味，滿滿的料加上喝來那股自然飽滿的醋酸味，就是十足的誠意展現，也讓酸辣湯這個原本的配角，地位扶搖直上，與主角水餃幾乎是不相上下。

　店裡另一個讓人吃了就上癮的，無疑是種類滿滿的滷味了。春興的滷味可是翁仁興太太的拿手絕活，每天一早她都會把新鮮的牛腱、牛肚、豬雜、豆干、滷蛋等分桶滷煮。靠著獨創的滷汁，讓醬汁均勻上色，深褐色的各式滷味讓人看了食指大動，好想每種都來一份，不知不覺就變成小菜控。

　當然除了餃子之外，春興其實也有多樣化的餐點選擇，無論是炒飯、炒菜、炒麵、湯品，不僅滿足了出外人的需求，也溫飽了靠海吃飯的勞工朋友的胃。

本港漁貨　物美價廉

既然來到了北台灣最大的漁場這個寶山，

怎麼能空手而回？吃完水餃走過環港街，對面就是基隆區漁會的漁產販售門市。基隆區漁會在二〇〇九年成立的供銷課門市部，提供了許多新鮮便利水產品，這裡賣的也都是新鮮急凍的本港漁貨。二〇一八年起，漁會更為擴大服務，又增加了手機網購功能，只要下載「基隆區漁會ＡＰＰ」，手機滑一滑，新鮮的八斗子漁貨就能自動送上門來。

漁會水產不僅多樣還相當平價，像是一尾七百至八百公克重、厚實飽滿的大白鯧，這裡約只賣一千兩百元上下，還不定時還有特價品促銷十分誘人。而且即便是農曆年前需求量最大時，門市也維持平價供應，有的民眾還會特地來此一籃一籃地採買回家。而基隆夏天必嘗的鎖管，一包三百公克重約也只要一百元左右，還有熟鎖管或生鎖管等任君選擇。

另外喜歡吃蝦的人，一定不能錯過劍蝦、

胭脂蝦、大明蝦等基隆特產蝦三寶。這些在市面上單價普遍偏高的蝦種，尤其在許多知名日本料理店及米其林餐廳，還得付出昂貴的代價才吃得到，但在基隆漁會的漁產販售部，卻很平價就買到，而且價廉物美。難怪有許多識貨的台北人，都會特地開車來漁會採購還大呼划算。

春興水餃店

基隆市中正區環港街 68 號

02-24690300

營業時間：11:00-20:00

公休：周一

基隆區漁會漁產販售部

基隆市中正區環港街 5 號 1 樓

02-24695768

營業時間：08:00-17:00

公休：無

一顆水餃兩代情
水產餃子館

正午位於中正路的水產餃子館人聲鼎沸，小小的店面裡喧喧鬧鬧，就像老闆娘陳心儀面前的鍋爐中不斷翻騰的餃子。水滾沸騰，一顆顆白呼呼的餃兒，倏地膨漲成胖嘟嘟的小圓球。陳心儀持大漏勺快手一撈，再以恰當的力道迅速地甩三下，瀝除掉多餘的水份，動作流暢而俐落。

說起這鍋爐的位置也很特別，不在廚房裡，反而是在屋外。陳心儀說，這是由於廚房和用餐區離得近，怕客人被煮水餃的熱氣給悶得難受，索性就把鍋爐遷出屋外。雖這遷鍋之事頗為費勁，但陳心儀不怕麻煩，就怕她的餃子館有一絲不安妥，因為這已有四十年的餃子店，是她從母親脩桂香手裡傳承下來的寶物。

渾圓飽滿的餃子，看起來十分討喜。夾起一顆，這餃子仿佛活過來似的，只要稍不留神就會咕溜地滑下去，也可見餃皮有多滑嫩。甚至透著光還能看到裡頭滿滿的肉餡，誘人食慾。陳心儀說，從前店裡的餃皮都是媽媽親手擀製，「媽媽每天拿著麵棍擀皮，掌心都是厚繭。」儘管現在陳心儀做起宅配服務，在多量生產下只得將餃皮委外代工，但配方和品質都還是堅守母親的教導。

新鮮現做 最好吃

高麗菜和韭菜是店裡唯二的水餃口味。其高麗菜餃皮薄彈牙，入口肉餡清香直撲而來，豬肉的鮮和高麗菜的甜彼此結合，越嚼越多汁。而這沁出口中的餡汁，來自於新鮮的高麗菜，並且不採機器切碎，而是每天將高麗菜以手工一刀刀剁碎，如此一來，才能完整保留水份和清脆的口感，這也正是餃子美味的原因。

如說清新的高麗菜餃，深受年輕一輩喜愛，那麼濃烈馥郁的韭菜水餃，就是店裡老客人的最愛。陳心儀說韭菜還得先以清水沖泡三遍，去除嗆烈留下辛香再和豬絞肉拌成餡，加入她家的獨門配方提味。韭菜不嗆還有一個很大的原因，就是新鮮現做，「韭菜一放隔夜，就會變得辛嗆。」所以陳心儀寧可早起備料、製餡，也從不用隔夜貨。

做好新鮮肉餡後，陳心儀會和先生、弟弟等幾個人合力包餃子，現做、現煮，所以客人吃的都是最新鮮的滋味。尤其一般都說水餃重醬料，但蘸醬在水產餃子館似乎派太不上用場。因為店裡的韭菜餃子，辛香味濃、肉香濃郁，如此韭香逼人，又何須蘸醬？

值得一提的是，韭菜水餃一顆只賣四元，高麗菜餃一顆也才賣六元，這些年來這家水餃店都沒漲過價，甚至當年韭菜價格一度飛漲時，她還是硬著頭皮就是不漲。一方面是為體恤老顧客的支持，另一方面是她說：「即便不是大富大貴，但我只要賺的能養活家庭就夠了，何必漲價？」

除了水餃，店裡也賣大滷麵。這麵條彈牙帶著Q勁兒，還有番茄、木耳、豬肉和蛋絲等配料好不豐富。特別的是，陳心儀不愛勾芡，因此大滷麵的湯汁並不濃稠也十分清爽。還有滷味拼盤，像是牛腱肉滷到鹹香入味、牛肚彈牙，還有滷花生也非常涮嘴。

誓言守護　母親的珍寶

陳心儀從十八歲踏進這間餃子館後，就再也沒離開，餃子也是她生活中最重要的事。但說起水產餃子館的過去，陳心儀顯得有些感慨。她說當初水產餃子館開業時，正是基隆漁業興盛的時期，每天日夜漁船靠港後，都會有大批的漁民們蜂擁而入。「那時候我媽媽才二十多歲，剛剛開始賣水餃，每天四、五千艘漁船入港，討海人一批一批進來，她就得從早忙到晚，三餐都在這裡吃。」陳心儀用一句話來形容自己的母親，就是刻苦耐勞，「我媽媽小時候家裡窮，所以當她有了自己的餃子館，就拚了命想把它做好。」

從備料到烹煮，陳心儀的母親全都親力親為。人潮雖帶來了錢潮，最終卻也讓她累出病來。「我高中畢業後進店裡幫忙，沒多久她就病倒了，胃癌。」不捨母親的辛勞，陳心儀忍不著紅了眼眶。她說，母親那因擀麵而掌心粗糙的觸感，她至今都還記得，也是那雙手拉拔她長大。所以從那雙手中接過的餃子館，陳心儀誓言會好好守護，因為這家店是母親生命中的珍寶。

水產餃子館
基隆市中正區中正路 606 號
02-24627718
營業時間：10:00-19:30
公休：週二

香酥飽滿，令人吮指回味
曾家鍋貼

說起曾家鍋貼在基隆落地生根的日子，算一算今年（二〇一八）剛好是第三十個年頭了。老闆娘邱完說，她與丈夫曾忠勇原來是在台中做鞋子生意，但合作廠商外移中國後，夫婦倆為了生計只好想辦法轉行。當時他們努力地向友人習得了北方麵點的製作技術，最後在一九八八年毅然決然舉家來到基隆打拚。

之所以會落腳基隆慶安宮口，邱完說是因為自己嫁來基隆的妹妹，當時就在慶安宮口經營小攤生意，她疼惜姊姊跟姊夫轉業不易，於是就將自己的攤位分給他們一起做。最後又因為慶安整建計畫影響，搬到了現在宮口旁的店面位置。

早年慶安宮口就像許多大廟一樣，聚集不少小吃攤，

邱完回憶說，三十年前剛來的時候，宮口的小吃大多達十幾攤，可惜後來由於廟宇整修加上老攤凋零，因此像曾家一樣留在慶安宮周邊的店目前剩沒幾家。即使許多攤子已慢慢消逝，但味覺的記憶卻依然停留，現在說到美食許多基隆在地人還是會提起，那些曾經在慶安宮口旁的各種滋味。

外皮香酥 內餡鮮潤

聊起味覺，就不得不提曾家初來基隆做生意時所面臨的難題。因為就算是在同一片台灣的土地上，台中人與基隆人對於飲食的口味、偏好卻還是有些差異。邱完說，剛來慶安宮口時賣的是煎餃，雖然憑著來慶安宮拜拜與崁仔頂一帶來來往往的人潮，生意還算過得去，但也沒有特別好，於是夫妻倆只好一邊做生意，一邊研究、觀察基隆人的喜好。後來他們將煎餃改成形狀更長、兩邊沒有封口的鍋貼，也果然大受好評，生意越來越好，據說現在生意好的時候，一天可以賣出兩千個左右的鍋貼。

有別一般只有高麗菜肉餡的鍋貼，這成功打進基隆市場的曾家鍋貼，以高麗菜、韭菜、宜蘭三星蔥跟三層豬絞肉一起調味做餡，而且從它的外型就可以看得出它與眾不同的飽滿與誠意。煎得金黃油亮的鍋貼，外皮保有煎餃的薄潤、Q彈，與底部香酥口感搭配完美。

內餡爽脆鮮甜的高麗菜，跟重口味的韭菜、三星蔥兼容並蓄又互相激發，更與腴潤的絞肉一起合奏，尤其肉汁自然甜美讓人吮指回味。這原味的鍋貼已經相當美味，但若再蘸上一點店家以醬油、烏醋、香油、辣椒調成的醬油醋來吃，在酸酸辣辣的過癮加持下，彷彿也讓鍋貼的濃郁滋味修到了正果，就算放涼了也還是相當好吃。

市長跑行程的好滋味

雖然鍋貼的生意已經不錯，但為了長遠

的經營考量，曾家鍋貼在遷入宮口旁的店面後，也開發了新的商品，像是煎包、酸辣湯、牛肉麵及其他多種餐點。這些新增加的商品口味也相當不錯，尤其煎包跟酸辣湯，現在早已跟鍋貼一樣，是曾家最暢銷且人氣不墜的招牌，也慢慢成了基隆人心中的家鄉味。

一顆十多元的煎包，麵皮帶有麵糰香氣吃來扎實充滿嚼勁，跟鍋貼一樣的菜肉內餡更為濕潤，吃來口感爽脆、鮮腴帶汁，再蘸上曾家特製的甜辣醬後，真是夠味又飽足。煎包也是店裡最熱賣的外帶餐點，好吃又方便。

曾家的煎包是林右昌市長趕行程時，最常讓幕僚準備的午餐之一。談到林右昌市長，邱完說：「他以前還沒當市長時就很常來，最愛吃鍋貼跟酸辣湯。當市長以後雖然罕有時間在店裡吃，但每次只要有行程經過附近，他都會請助理來買鍋貼跟煎包，說是趕行程時在車上吃比較方便。」

而這碗林右昌當上市長後就比較沒機會喝到的酸辣湯，新鮮的板豆腐與豬血不僅切得很大塊，更吸飽湯汁相當入味，還有鮮爽的筍絲、清脆的木耳，與高麗菜、胡蘿蔔等等，一大碗湯裡面滿滿的料，價格卻親切的讓人滿心歡喜。酸辣湯味道酸得令人屏息又意猶未盡，氣味十足又不至於生硬過嗆，帶有微微的胡椒香，著實是碗讓人感到暖心又過癮的好滋味。

曾家鍋貼

基隆市仁愛區忠二路 3 之 2 號

02-24235314

營業時間：11:00-20:00

公休：不定休

人情滿滿，一天最美的起始
阿娟鍋貼早餐店

「嗚咿」一聲，火車鳴笛進站，呼嘯又倏地而過。一邊吃早點，一邊聽著火車嗚嗚的聲音，如此特殊的早餐待遇，大約只有在三坑阿娟姐的鍋貼早餐店，才可以體驗得到。

緊鄰著基隆仁愛區的三坑火車站，阿娟姐的店鋪其實沒有招牌。而三坑是小站，一般東、西部幹線列車不會停靠，倒是區間車開得很勤，約每二十分鐘左右，就有一班列車進站。也因此，吃早餐、賞火車，成了阿娟姐店裡獨一無二的特殊風景。

早餐店裡什麼都賣，從三明治總匯、漢堡、炒麵，再到中式的酸辣湯等等，可以說是應有盡有。然而在地人都知曉，這裡最美味的一道，非鍋貼莫屬。阿娟姐的早餐店，從清晨四點半營業到中午十二時，但有時鍋貼早

早就賣個精光，阿娟姐也就會提早打烊。想當然，這裡的鍋貼就不是一般中央工廠做好、配送的冷凍鍋貼。

其實每天凌晨兩點，阿娟姐便會起床開始準備工作。她從整皮開始，還要打餡兒，將在地新鮮的高麗菜切成丁，和著肥瘦比例恰當的豬肉包成餡，再以麵皮包裹、收口，捏成一個又一個細長的鍋貼。阿娟姐說，她的鍋貼裡沒有獨門秘方，最大的美味祕訣就是「新鮮現做」。

營業時間一到，客人紛紛上門，此時阿娟姐就會在熱烘烘的煎檯上抹一層薄油、澆少許的水，把一個個鍋貼整整齊齊地擺上煎檯，像蓋條被子一般，蓋上鍋蓋生煎。現煎的鍋貼可沒那麼快就可起鍋，還得等上十五分鐘之久。一掀蓋，鍋貼被煎得又焦又透，酥脆的外皮底部，還帶有不規則的花紋鍋巴，咬上一口，微焦酥脆、滿嘴酥爽，裡頭的肉餡清甜多汁，更爽口而毫不油膩。鍋貼的蘸醬有二種，各為辣和不辣。嗜辣的人可試試阿娟姐自調的辣椒醬，以生辣椒熬煮後再加入辣瓣醬調味，香辣過癮；不吃辣的人就可來點加了蒜頭的辣椒醬，雖說仍是辣椒醬，但卻是只聞其香而不辣口，而加了蒜末則更加夠味。

鍋貼魅力　回味再三

有客人說，阿娟姐的鍋貼有種魅力，讓人一吃上癮，直想再三回味。於是久了就成了常客，每天早上都得來上一盤鍋貼，做為一天的起始。

其實店裡有魅力的不只是鍋貼，還有阿娟姐的用心，和這裡濃濃的人情味。為人爽朗的阿娟姐，最喜歡和客人互動，更不吝於給份溫暖的問候。而點份早餐、話家常、再聊一聊生活近況，就成了這裡最普遍的光景，情誼牽起後，人與人之間就成了朋友一般的存在，人情味在其中流動。

承接姊姊留下的早餐店，直率的阿娟姐不諱言，過去曾經因為太過勞累，多次動了放棄的念頭，只是「捨不得客人」的這份心意，最終還是澆退了去意，也成為她堅持下去的最大動力。「客人真的對我很好，也很能體諒，而且現做料理有時等待時間較長，有的客人甚至還會來幫我端菜。」阿娟姐感激地說。

而阿娟姐的豪爽，從她的料理細節便也能知一二。像是這裡的鐵板炒麵口味雖與一般無異，但炒麵上頭硬是多了一般早餐店根本不會加的蔥花，阿娟姐很阿莎力地說：「是貴啊！但還是照加！」她說加蔥花是因為她自己愛吃，只是蔥價上漲時，算一算成本似乎不太划算，但她也不想因此而讓料理縮水，更是她身為一間餐飲店老闆娘的堅持。

特別有趣的是，早餐店裡除了能喝到現煮的酸辣湯外，竟還有過去西餐廳很流行的酥皮玉米濃湯，當然理由不外乎又是老闆娘阿娟姐自己喜愛，相當可愛。所以有空時不妨來找阿娟姐吃個早餐，體驗一下基隆人吃鍋貼、配酥皮玉米濃湯，一面賞火車妙不可言的樂趣。

阿娟鍋貼早餐店

基隆市仁愛區龍安街 201 號

02-24228697

營業時間：04:30-12:00

公休：週一

外皮富彈性，內餡料扎實

媽祖宮阿玲家肉圓

阿玲家的肉圓不只在網路與媒體上遠近馳名，其實早在知名作家焦桐寫的《臺灣味道》一書的〈肉圓〉篇中，就有提到過阿玲肉圓以添加小黃瓜片來豐富內容。不過基隆肉圓用小黃瓜片來佐味，開始於在南榮路上的白磚厝肉圓。這白磚厝肉圓是很多老基隆人都知道的名店，嚴格說起來也還真的是阿玲會賣起肉圓的原因之一。

本名方燕玲的阿玲回憶，「一開始是因為自己愛吃肉圓。那時候愛三路跟南榮路的肉圓很好吃，所以我就請媽媽去學做肉圓。媽媽學會了以後，一家人就在媽祖宮口（慶安宮口）賣起肉圓。」而阿玲從十五歲起就跟媽媽一起賣肉圓，直到跟先生姚仁富結婚後，也都繼續待在店裡幫忙從沒間斷過。她笑說：「我連生兒子的前一刻也在做肉圓，做完才去隔壁婦產科把兒子生下來。」

一家人在媽祖宮口生意做了三十年後，二〇〇八年慶安宮整修，阿玲跟大哥、大姊便各自將肉圓生意遷往基隆不同的地方繼續拚搏。阿玲說：「起先我到安瀾橋賣了三年三個月的肉圓，直到二〇一一年才把店又搬回來。」算一算從十五歲開始幫忙賣肉圓，阿玲從少女到現在已經將近六十歲了，而她也絲毫不介意透露自己的年齡，滿足又開朗的笑著表示，現在有兒子跟媳婦接棒做後場，自己跟先生只要在前面顧攤就好，已經輕鬆許多。

阿玲總是如此的熱情明亮，尤其她那梳綁在頭頂上的招牌捲髮，更令顧客印象深刻。阿玲笑說：「綁這個髮型是為了避免架在上方的電風扇直接吹頭，又不想戴帽子啦。」

雖然已經做了四十多年，但每次聊起肉圓，阿玲的眼睛總是會瞬間又亮了起來。她表示自家的肉圓都是每天

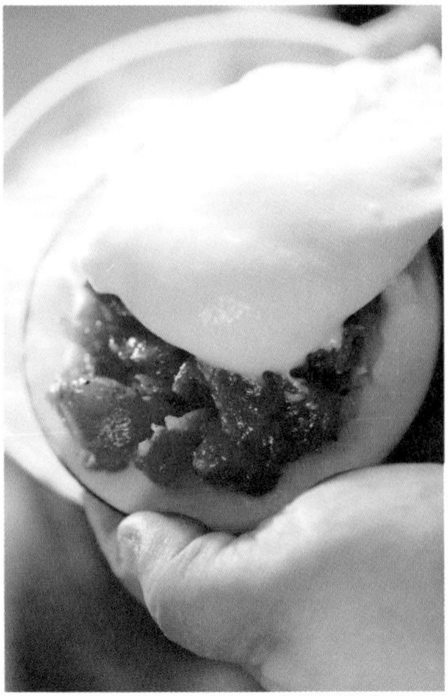

早上五點現做，並選用成本比太白粉貴很多的純地瓜粉來做皮漿，因為這樣不僅肉圓皮比較Q嫩，而且就算冷掉了也還是很好吃。不過阿玲也說，掌握蒸煮肉圓的時間很重要，做不好的話肉塊會變得柴澀，或者膨脹過度的肉圓也會變皺。

真材實料 一吃就知道

別小看這始終保持白嫩的外皮，它可是阿玲家肉圓料好實在的證明。跟新竹一樣，基隆的肉圓普遍包的是紅糟肉塊，姚仁富解釋說，「紅糟有三種，淺粉紅色的是客家紅糟、福州紅糟，另外深紅色的是浙江紅糟。那我們家的肉圓從創始就是用色澤深、香味濃的浙江紅糟。」

他還說要分辨店家是用正紅糟肉做餡，還是用食用色素染色的紅糟，可以從肉圓外皮有沒有被染到顏色來分辨，「我們的肉圓之所以可以保持白嫩，就是因為用了正紅糟肉。」

肉圓蒸煮後會先在鍋中以低溫油炸的方式保溫，在客人點餐後，老闆再迅速地將肉圓從油鍋撈起，並且以勺

子按壓肉圓來濾掉多餘的油脂。阿玲家的肉圓好在哪，其實顧客只要吃上一口就會明白。這肉圓皮的口感既有彈性又不會嚼不斷，尤其淋上阿玲家獨門調製的橘紅色甜辣醬，吃起來更是鹹香有味。而肉圓內餡充滿香氣的大塊紅糟肉，吃起來扎實有嚼勁，配上質地細嫩、鮮脆又帶酸爽的筍絲，真是好吃得令人胃口大開。

對於無辣不歡的人，若是覺得原本的肉圓醬汁太溫和，建議可以加點阿玲家提供的辣椒粉，保證吃起來絕對是香麻過癮。另外，吃肉圓也一定要搭配湯品才算圓滿，要是不知道該點Q脆的貢丸、包肉的嫩魚丸，還是鮮脆的魷魚湯，不妨點碗綜合湯，可以讓人三種選擇一次滿足。

只是不禁納悶，怎麼吃到最後還是不見焦桐曾經提到過的小黃瓜？對此阿玲表示，以前肉圓確實是搭配小黃瓜，但因為不容易保鮮，所以現在只好改用香菜取代。若想品嘗肉圓搭配小黃瓜的絕妙滋味，阿玲建議像是外帶肉圓回家吃時，可以將小黃瓜切片，加鹽抓一抓後洗掉鹽分，再加點白糖跟白醋醃一下，最後淋上她們家的醬汁跟肉圓一起吃，就可以吃到最佳組合外，也是老基隆人最地道的吃法喔！

媽祖宮阿玲家肉圓
基隆市仁愛區忠二路 9 號
02-24216565
營業時間：11:00-18:30

人氣點心，召喚青春
女中肉圓

別看這位在基隆女中旁的肉圓店，不過小小一間、招牌又很樸素，女中肉圓，在許多基隆人的心目中，可是相當有名的經典肉圓攤呢！

當然在成為別人心中的經典滋味前，通常自己心裡也會有一個經典滋味。女中肉圓的老闆陳重諺說，一九四九年出生的他，小時候讀的是信義國小，當時信義市場就有一家肉圓攤超級好吃。但當時一顆肉圓要賣五角錢，可是他的零用錢每天卻只有一角，所以得要存五天才能吃上一顆。當時的陳重諺不僅愛吃肉圓，對賣肉圓也更是憧憬。

這樣的熱情長大也未曾熄

滅，陳重諺說，他也曾準備二〇萬現金想拜師，但人家卻不肯教他，於是他只好自己摸索，憑著對肉圓的熱愛，最後才讓他研發出屬於自己獨特的口味。「自己走過，才知道為什麼當初人家不肯教。」陳重諺表示，「因為那是心血，也是每家店的特色。」

鮮香怡人 口感大好

不過肉圓的口味真的有地域性。陳重諺曾舉家遷到高雄，他信心滿滿地帶著自己研發的肉圓，在高雄醫學院附近做生意，但生意卻不盡理想。周折了五年後又回到故鄉，最後在老家附近找了這個小小的店面賣肉圓。這次一樣的口味卻大受基隆人的好評，不但是許多女中人最愛的點心，也成為許多女中女婿們陪太太回憶的青春滋味。

女中肉圓的內餡包是五香口味的紅皮肉塊，口感軟嫩，咀嚼起來毫不費勁，搭配微微酸爽、質地細膩的阿里山筍茸，滋味鮮香怡人。而肉圓皮以適當比例的番薯粉與太白粉調製，口感厚Q易斷不黏牙，淋上店家特調的甜辣醬，吃來甜辣入味，相當過癮。

肉圓吃一顆覺得意猶未盡，但兩顆又怕太飽，所以為了體貼讀書的孩子們，店裡還加賣親戚做的新鮮大燒賣，一顆肉圓搭配一顆燒賣，吃起來剛剛好飽。配湯除了鱈魚丸或貢丸湯，或也可以來杯老闆娘特製的冰紅茶。這微甜又帶麥香的古早味冰紅茶，不但消暑解膩，說不定也能讓你重溫起中學時的夢想與情懷。

女中肉圓
基隆市信二路 8 號
02-24259936
營業時間：11:00-19:00
公休：週一

最強街頭美食，誘惑擋不住
浮基仔香腸

當你行經中山區德安路，忽聞陣陣炭烤的肉香，以排山倒海不可抵擋之勢撲鼻而來，那麼，你約莫是來到浮基仔香腸攤的地盤了。那誘人的香氣，勾起五臟六腑最深沈的食慾，嘴中開始不可抑制地分泌起唾液，這時別無他法，非得和老闆點上一份香腸，來解口腹之欲。在這沒有裝潢、只擺了幾張矮桌和板凳的地方，豪邁地嚼著香腸、啜飲透涼的生啤酒，濃濃的台灣味中，感受的是基隆最接地氣的庶民文化。

「浮基仔」一名，因「孚基煤礦」而來，老基隆人至今仍會稱德安路口一帶為浮基仔。而這間擁有五十年風華的老香腸攤，最早是由許發強的父親創立，當時他還是騎著腳踏車在德安路上沿街叫賣。許發強接手香腸攤後，因不敵客人再三要求，才在擺攤處附近租了間店面供客人內用。不過這一口小香腸，對於客人是無限美好的滋味，但許發強在剛接手時卻是五味雜陳，因為這一口小香腸，不僅包含了父

親的愛與嚴厲，還有傳承的責任。

只選用每日現宰的溫體豬後腿肉來做香腸，還要以手工一一挑除筋膜、剁成碎肉，光是準備工作就長達五、六小時，但如此勞動，都是為了讓豬肉保有Q彈口感，甚至還要幫豬肉按摩，才能使香腸口感更帶勁。許發強回憶剛接手的時候，只要一做錯就會被父親指責，相當嚴格，但也使得現在的他不只是承接了父親的手藝，更有職人的精神。

或許浮基仔香腸外表看起來毫無特殊之處，然而咬上一口就知道不同。首先感受到的，是它豐美醇厚的肉香，接著，是那滲透於無形的高粱酒，像春天的一記輕雷，香醇清烈地劃破味蕾的天際，留下餘韻連綿。

除了傳承自父親的香腸外，許強發還研發了香烤鹹豬肉。除了以基本的黑胡椒醃製，許發強還巧妙的以紅花椒帶出香麻滋味，吃來更與一般鹹豬肉的死鹹口感不同，鮮味分明，十分涮嘴。

浮基仔香腸

基隆市中山區德安路 13 號

02-24373249

營業時間：13:00-21:00

公休：無

04.30.2017.

多元異國料理

如果要從西班牙人十七世紀在社寮島（今和平島），
建造的「聖薩爾瓦多城」開始算起，
基隆接觸外國人的歷史已有近四百年之久。
這個位於福爾摩沙島重要戰略地位的城市，
因航運的昌盛，迎來各式人種的文化及美食，
加上從中國渡海移民而來的漳、泉、潮州人，
以及鄰近工業區崛起來台的東南亞移工，
造就了基隆異國料理的普及和高接受度。
但無論是日式、義式、美式、泰式，
就地取得的食材及烹煮方法的融合，
都讓這裡的外國料理帶有基隆限定的專屬味道。

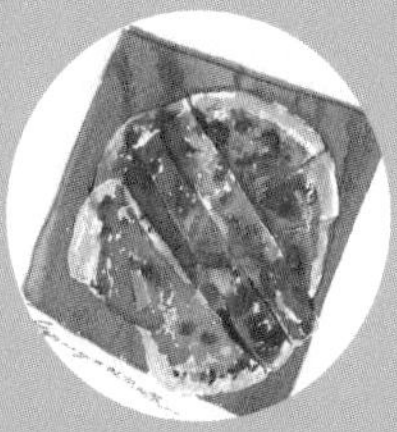

美食佐美景，藝術即生活
Casa Picasso

碧海藍天，一棟棟五顏六色的繽紛建築，在正濱漁港岸邊一字排開，明媚的陽光把五彩斑斕倒影在粼粼水面上，也將正藍的海水染成一片絢爛。如詩畫一般的景緻，讓人彷彿置身歐洲風情萬種的浪漫小漁村。成排的彩色屋中，有著純白外觀的西班牙餐廳 CASA PICASSO，顯得格外素雅。其實早在正濱漁港實施改造計畫之前，CASA PICASSO 早已搶先「美麗」了好多年，而這其中的關鍵人物，就是餐廳的老闆林達光。

林達光出生於基隆和平島，他不僅是 CASA PICASSO 餐廳的老闆，也是畢加索國際企業的總裁，事業經營橫跨海峽兩岸。從事世界藝術貿易工作，林達光雖然長期旅居國外又跑遍世界各地，但他卻始終對故鄉基隆一往情深。於是他在二〇一三年返鄉定居後，便買下正濱漁港旁的廢棄修船廠，憑藉著深厚的人文藝術底蘊和美感，將老舊廠房搖身變成摩登復古的港邊餐酒館。

走進店裡，彷彿置身新舊時空交錯的藝術空間。老屋

獨有的紅磚瓦牆，在林達光的翻新裝潢中巧妙保留，傾訴著時間的迷人之處，在這裡古董家具與和畢卡索風格的藝術畫作相互輝映。而餐廳的每一扇落地窗，向外望去皆是一幅流動的畫，隨著時辰更迭，絢染上不同的色彩，尤其黃昏的日落時分，是每天最動人的時刻，夕陽的餘暉把整座漁港染成一片金黃。在這片金黃的浮光掠影中，一面品嘗西班牙料理，一面觀賞夕陽海景，如此的「美感經驗」，對林達光而言是再自然不過的生活美學，甚至也顛覆了一般遊客、甚至是當地人對基隆舊有的既定印象，也吸引更多

人為「美」而駐足、因「美」而省思。

海鮮燉飯　招牌必點

風度翩翩、品味時尚的林達光，對家鄉投入無限熱情。他憶起童年時代的和平島，海水清澈、魚兒悠遊，再對比他返鄉時的骯髒臭亂，直言「無法接受」。為追求美感生活、更不甘心正濱漁港淪於髒亂之地，林達光誓言要找回兒時的基隆樣貌，於是他開始向市府投訴碼頭髒亂，打爆了所有能打的檢舉專線，舉凡亂丟垃圾、亂排油污，一樣不放過，甚至成了當地官民眼中

的「麻煩人物」。礙於檢舉效果有限，後來他乾脆直接買艘小船，親力親為在海面上撿垃圾，因為林達光這段堅持與努力，正濱漁港才有了後續的整淨。

來到如此美麗的港邊，不妨放慢步調，悠閒自在地享用一頓美食。CASA PICASSO 的西班牙菜，多以基隆在地新鮮直送的海鮮為食材，加上林達光自家也有漁船，所以有時還會帶回可遇不可求的限量「好料」。

餐廳最經典的西班牙海鮮燉飯，是每桌必點招牌料理。以大蒜、洋蔥和甜椒爆炒出香氣，再加入米粒拌炒，這裡特別選用西班牙米混合台灣米，來呈現軟硬適中的米飯口感，米粒以海鮮高湯煨煮到收汁，加入些許白酒提出香氣，最後再放入基隆本地的新鮮透抽、淡菜、大白蝦和蛤蜊等豐富的海味，燜煮到熟透。海鮮燉飯一上桌，只見澎湃噴香，橘紅色的米飯上鋪著滿滿的海鮮料，看起來真的好過癮。這米飯吸附了海鮮湯汁，吃來芳香濃郁、咬感十足，加上透抽鮮彈脆口、蝦肉甜嫩，整體風味十分飽滿。

基隆港現撈的三角螺，林達光戲稱它做「海底金字塔」，外型宛如金字塔一般，簡單汆燙過後，便能吃得新鮮原味也相當過癮。更尤其螺肉夠大、彈牙爽脆，入口立即滿嘴鮮香。除了品嘗原味外，也可試試搭配主廚特製的檸檬美乃滋，蘸一口，清爽中帶著酸香，讓人回味無窮。

透抽肥美　軟嫩鮮甜

而基隆在地的小吃「吉古拉」，在CASA PICASSO也搖身一變成為佳餚。吉古拉是基隆的魚漿三寶之一，將魚漿裹在一根長長的不鏽鋼棒上，以炭火快速旋轉烘烤，成了美味的魚漿甜不辣。基隆港附近不乏做吉古拉的店家，幸運的是餐廳旁邊也有一家，林達光選了這家

老字號現做吉古拉，將裡頭填入彩椒、番茄等蔬果烘烤。這吉古拉吃來Q彈，而蔬果增添了口感外，也讓味覺層次更加豐富。

餐廳還有一道烤透抽也不容錯過。新鮮肥美的基隆透抽，經過高溫烘烤，烤出香味和鮮度，其透抽口感更是軟嫩，只要簡單的調味就能帶出鮮味，這時若再搭配一杯果香味烈的白酒，更是風情萬種。

如果你剛好喜歡飲酒，一定要請店長Johnny做一杯別處喝不到的石花凍特調，才能算來過CASA PICASSO。基隆盛產石花菜，尤其夏季常可見街邊小

Casa Picasso
基隆市中正路 527 號
02-24633789
營業時間：週三至週五 12:00-21:00
　　　　　週六、日 12:00-22:00
公休：週一、二

攤販售石花凍飲。而 Johnny 就以石花凍做基底，做成各式風味的一口調酒，其烈酒入喉獨留石花清香，滋味雋永妙不可言，讓人忍不住有股追酒的衝動。

眼見正濱漁港逐漸轉型、走向國際，也讓林達光深感欣慰。若有閒暇之餘，不妨走一趟基隆正濱漁港，來到林達光的西班牙餐廳，一賞港邊夕陽美景，聽海聲、看水色，一邊品嘗基隆的新鮮海產，絕對會翻轉你對基隆印象。

最美好的青春回憶

華星牛排館

如同空間中迴盪英國歌手喬治麥克的音樂一樣，華星牛排館，這家基隆最老的牛排館，至今屹立了逾三十年，已然是一個經典的美食傳說。

若問基隆人印象最深刻的百貨公司為何，回答一定都是國際百貨。一九七八年開幕的國際百貨，引領港都走過最繁榮的風華時代，也見證過基隆港航運由盛轉衰的落沒蕭條。從九份來基隆發展進而發跡的林氏家族，是地方上赫赫有名的望族，而國際百貨就是由林家老六林國慶所設立，經歷近四十個年頭後，目前也還是基隆唯一的百貨公司。

曾跟著家族長輩一起經營舶來品生意的林國慶，很早就接受到各國文化的薰陶，經常往返台北品嘗美食。因為自己喜歡吃牛排，林國慶索性也在基隆開了第一家牛排館—國際西餐廳。當時正值台灣經濟崛起的年代，吃牛排、喝咖啡可是件時髦的事，而基隆的舶來品街更可說是北台灣貴婦圈的聚集地，所以國際西餐廳的座上賓，都是貿易商或船務公司的大老闆們及貴婦群。

隨著時代的改變，國際西餐廳也轉型為華星牛排館，所以要稱華星牛排館是基隆的波麗露西餐廳也不為過。

餐廳的石板牆上掛著基隆知名攝影師鄭桑溪十幅珍貴的攝影作品，保存了許多舊基隆的場景記憶。餐廳不但提供美食，也紀錄了許多愛的故事，很多基隆人都在這裡約會、相親、求婚，因此華星又有約會必勝餐廳之稱。而這裡也是林右昌與太太吳秋英，年輕時約會的地點之一。

儘管現今牛排館走向多元化，但老西餐廳的味道總讓人難以忘懷。所以雖然華星也曾推出過許多新式的排餐

及料理，但可能是念舊的關係，大多數的客人還是喜歡最傳統的排餐。而來華星吃牛排，也彷彿是有一種應遵循的儀式，畢竟這裡不只是一家堅持美味的牛排館，也是老一輩人的青春回憶。

已在華星服務了二十年的經理趙懷強，永遠都維持著最佳儀態、精神抖擻地在第一線穿梭送餐。他熟悉每位老客人的用餐習慣和最愛餐點，而最讓他驕傲的是，他也參與了客人在華星的重要聚會及時刻。趙懷強回想在這裡看過約會或求婚的情侶們，早已不計其數，有些順利成家後，又會帶著下一代來用餐。

黑胡椒醬 傳統牛排味

既然是走懷舊的經典路線，華星最受歡迎的餐點，當然也就是最原始的沙朗及菲力牛排。約五公分厚的菲力牛排吃來軟嫩多汁，七盎司的大小就算全吃完也沒負擔，很適合女孩子享用。至於特級沙朗牛排，則是選用美國穀物飼養 Choice 等級的牛肉。油花豐富的沙朗牛排肉質香Q，也能保有嚼勁，份量十盎司可謂大塊滿足，

也特別受到男性顧客的歡迎。

如果光吃牛排不過癮，還可選搭配明蝦及鮑魚的海陸雙拼套餐，或是厚達一公分以上的厚切花枝，那簡直就是貴賓級的享受了。尤其在重要的紀念日，這樣的組合很夠誠意。

要談到傳統，就不得不說黑胡椒醬。將黑胡椒粒、紅蔥頭、煙燻培根炒香後，加入些米酒熱燒，然後淋上高湯與月桂葉一起熬煮。在鐵盤上滋滋作響的黑胡椒醬是客人的最愛，喜愛度遠勝於岩鹽，雖然客人也能選擇將鐵盤更換成白瓷盤，但對喜歡黑胡椒醬辛辣嗆口味道的人來說，鐵盤無疑是第一首選。切一塊牛肉搭配洋蔥入口，雖然顯得老派及傳統，但感覺就是有說不出的對味，來到華星，那些現代牛排講究的原味及輕佐料，彷彿都不重要了。

既然要走懷舊路線，你還可以選酥皮鮑魚濃湯。烤得香酥的酥皮，可蘸著帶有海鮮味的濃湯一起吃，這也是最經典的吃法。濃湯中的鮑魚塊份量放得不小氣，還有選用鯛魚、香菇、蛤蠣、花枝、鮮蝦等季節性海鮮，濃湯喝來意外清爽且鮮味十足。

曾經歷經納莉風災而全毀的華星牛排館，猶如浴火重生般又重新喚回基隆人的記憶，更搭上了懷舊的風潮。但變或不變、創新或傳統，雖然時常都還在拉鋸中，但舊有舊的美、新有新的好，在新舊之間也讓基隆人對於經典及傳承有更深一層的體驗與感受。

華星牛排館

基隆市仁愛區孝一路 54 號 B1

02-24246789

營業時間：11:30-23:00

公休：無

CUCINA ITALIANA
GRAPESEED OIL
CUCINA ITALIANA
GRAPESEED OIL
GOCCIA di carnia
GOCCIA di carnia

美食不孤，必有鄰

第34夜

承載著許多悲歡離合故事的基隆，是個開發很早的城市。從清代開始就有市街的創建，一點一點地堆疊出街市雛型，也造就了現在基隆巷弄蜿蜒、細長的面貌。像這樣的巷弄，白天陽光無法完全穿透、入夜也讓人覺得昏暗寂寥，許多就連基隆在地人都叫不出巷名，沒想到卻還有餐廳低調地開設在如此的暗巷中，好比位於慶安宮後孝一路三十四巷的「第三十四夜」就是。

選擇在這條窄巷裡營業，真的頗讓人吃驚，而且第一次造訪第三十四夜的客人找不到路是正常的，當然還有許多已經是第二次、第三次上門的人，也還是會很狐疑地站在巷口張望，不確定餐廳在哪裡。或許以一般人的理解，這樣的經營方式是會讓餐廳走入險境，但第三十四夜反倒因此形塑了自己獨特的性格，也或許，對客人來說享受美食的旅程就從找路開始。

雖然餐廳從晚餐時間才開門營業，但下午三、四點巷弄中就已飄出了料理的香味。紮著一個小辮子的李俊儒，是餐廳的廚師也是經營者，堅持以蔬菜、洋蔥及雞骨熬高湯的他，從下午就開始在廚房內忙碌，為晚上的營業做準備。餐廳提供的料理種類雖不多，但光是義大

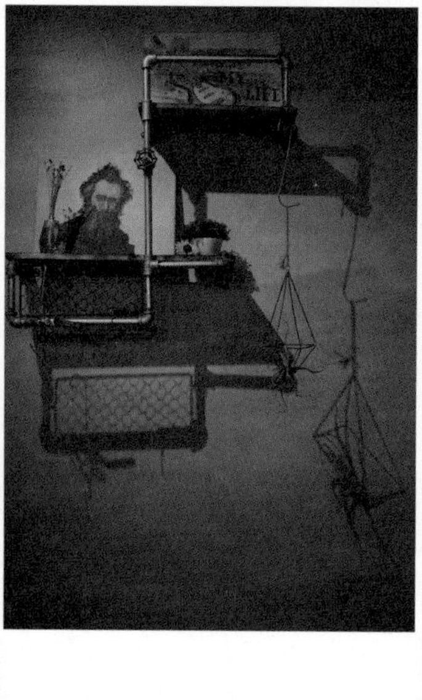

利麵、燉飯及牛排等，就得分別用上三種味道不一樣的高湯，對他來說，這是一種對料理的態度及堅持。

全基隆最好吃的義大利麵

談到餐廳的創業歷程，李俊儒說：「我第一眼看到這個房子時，心裡還想說：『這裡怎麼做生意啊？』」原來過去一直在台北做料理的他，因二樓人參民謠小屋房東小北的關係，認識了基隆這棟老房子。並且有別於過去基隆人多數遠赴台北、新北等外地工作的模式，這群勇敢的肖連ㄟ，卻反其道而行，硬是從台北來到基隆創業及生活。

一開始李俊儒只是做菜給二樓民謠小屋的客人吃，沒想到大受好評後大家也拱著要他開店。只是當時一想到要把餐廳開在一條連汽車都無法行駛的窄小巷弄裡，李俊儒坦承有掙扎過，不過房東開出的租金條件實在太優惠，加上他心裡一直有個聲音說：「只要好吃，再難找的地方都會有人上門。」終於他說服了自己走上創業之路。

只是一開始沒有菜單的第三十四夜，就連李俊儒自己都還抓不準應該賣什麼料理，所以每做出一道新的菜色，他就會請來人參民謠小屋聽音樂的客人們試吃，也會試到大家都覺得味道滿意之後才會推出。然而也就因為有過反覆的嘗試與市調，讓店裡的義大利麵在推出後大受歡迎。

不過因為人力不足，目前餐廳僅接受網路訂位，而店內也只有十八個座位，所以客人如果沒有事先訂位的話，就只能在門口等看看有沒有幸運之神降臨。然而位於狹巷內、座位少原來真的都不是限制。第三十四夜自二〇一七年六月開張後，在短短不到一年的時間內，就已經被許多網友喻為是全基隆最好吃的義大利麵店。

「我原本以為基隆是鄉下」，李俊儒攪拌著高湯邊說，卻沒想到這間餐廳打破了他對基隆的保守印象，也因為客人對在地的認同感很高、對料理的肯定，都鼓勵著他能更放手去做。

新鮮海產 在地優勢

位於北台灣最大的漁貨集散地崁仔頂漁市旁，第三十四夜彷彿也多了一個大冰箱，所有的新鮮海鮮直送且不必存貨，瞬間讓第三十四夜與台北的餐廳有了市場區隔。店裡的海鮮料理種類佔據菜單多數的版面，就連湯頭也是用鮭魚、蝦頭、大蒜及香料熬煮兩個鐘頭而成。李俊儒表示，海鮮高湯用來做海鮮燉飯或義大利麵非常合拍，不必另外再加料調味。像是最受歡迎的明太子鮭魚義大利麵，除使用生魚片等級的鮭魚肚外，只要再加上這一味高湯，保證鮮美無敵。

除了海鮮高湯外，餐廳也有用西洋芹、香菇蒂、蘿蔔皮、南瓜等，熬煮成的蔬菜高湯，其清甜的味道一直飄散開來，李俊儒說這高湯拿來煮椰香咖哩也是一流。另外，值得一提的是，店裡的義大利麵選用寬扁麵，且只有清炒這個選項，就是希望使麵條吸收更多高湯，讓口感更上一層樓。而餐廳的燉飯系列，採用台梗九號生米煮成，同樣吸收滿滿的高湯，不僅入味且比起義大利米來說，訂價可以更實惠。

同樣值得推薦的還有岩鹽沙朗牛，也是第三十四夜的招牌料理之一。整條沙朗牛肉先用唐辛子及海鹽抓醃後，煎至外熟內嫩，再切片進入高溫炙烤，吃來既有嚼勁又有嫩度，烤肉的香氣十足。最後來到鎖管寶地基隆，怎麼能不點份透抽呢？店裡的炙烤透抽料理做法簡單，卻也保留了所有的鮮甜滋味。

來第三十四夜用餐忌諱浪費食材，李俊儒說，「把餐點吃完，對我來說就是最大的回饋了。」所以若你不小心點太多，就得要有會受到主廚關愛眼神的心理準備。然而即使餐廳相當有原則、位子也不好訂，但客人願意再訪的比例還是很高，可見堅持對的理念，終能得到肯定。

第 34 夜 Night 34th.
基隆市仁愛區孝一路 34 巷 2 號 1 樓
只接受網路訂位：www.facebook.com/Night34th/
營業時間：週二至週日 18:00-01:00
公休：週一

暖人心胃的巷弄和風
擇食居酒屋

每天午夜，基隆廟口的喧鬧聲才漸歇，但東岸高架橋另一側的孝二路，人聲才正要開始沸騰。一輛輛的貨車魚貫地駛入孝一路，身形壯碩的男子把一箱箱裝有新鮮漁貨的保麗龍箱搬下車來，並且按步就班地陸續排放。這看似無秩序卻又有跡可循的櫛比鱗次，堆疊出北台灣最有特色的崁仔頂漁市。拿這裡與日本的築地市場相比，可是一點都不遜色。

緊臨著崁仔頂的擇食居酒屋，位於狹窄的巷內，若不是內行人帶路，第一次來還真找不著。不過，這條小巷子其實是名噪一時的委託行街，在六〇年代名氣可不遜於崁仔頂漁市。當時遠洋商船上的船員們帶來歐美各國最新款的舶來品，這些漂洋過海的精品，讓這裡成為北台灣最時髦的地方，也堪稱是台灣最早的貴婦天堂，聽說當時許多人都是抱著大筆的現金來搶新貨。

不過，隨著八〇年代台灣開放觀光後，出國的人多了、大家的眼界也開了，委託行的生意便逐漸走下坡。精華路段的店鋪一間間拉下鐵門，委託行老闆們一個個遠走他鄉，興盛一時的委託行街開始沒落而黯淡。那時王嘉誠（綽號「恰恰」）的父母親在經營當歸土虱的小攤生

擇食
煮物
特製の逸品
燒酎
刺身
關東煮
串燒
壽司
ビール
吸物
果實酒
手巻
海産物
梅酒

意，好不容易攢了一些錢，在委託行街買了間房，原本打算要靠收租來安度晚年。沒想到不敵大環境的衰退，舶來品街的房市一落千丈，王媽媽只好利用這自有的小店舖，經營簡單的熱炒生意來維持生計。

看著父母從年輕辛苦到老，到最後還得拿著鍋鏟做生意，讓一度發誓長大絕不做餐飲業的恰恰，決定要扛起父母的擔子。恰恰也在二〇一四年決定把這棟巷弄裡的老屋轉型為日式居酒屋，找來友人陳一誠合夥，他說：「基隆已經沒落很久了，我們希望能因為年輕人返鄉創業而開始活化。」也因為兩人有共同的想法，所以才有了擇食的雛型。他們認為要找回繁華落盡前的榮景，保存老房原有的樣貌就會是很重要的信念。

漁市直達最新鮮

但要翻新老宅談何容易，得克服許多艱巨

的工作。首先是被白蟻蛀蝕嚴重的樑柱可能危及結構安全，所以必須重做房舍的基礎工程，更不得不放棄保留檜木窗及樑柱的想法，經過多次修正才慢慢地打造出現在猶如宮崎駿動畫《神隱少女》中的日式居酒屋樣貌。

當華燈初上時，這寫著「擇食」的紅燈籠搭配泛著黃暈的燈光，在暗巷中格外地顯眼，更有種眾人皆睡我獨醒的孤寂感。雖然初見時讓人有些不習慣，但慢慢地也成為原本早已門可羅雀的委託行街的新地標。更沒想到以往以為是限制的狹窄空間，現在反而成了這棟老宅的特色，這需要閃身才能交錯、不到七坪的空間，不正是一種再真實不過的居酒屋風格？

而戶外僅有五個位置的卡布里檯更是炙手可熱，假日的訂位常常已經滿到兩個月後，光是一晚也能翻桌好幾回。坐在這裡喝杯小酒吃點串燒，是許多上班族下班後最愜意的享受，不過，想坐在這區，真的得碰運氣才行。

相信許多人一定聽過，許多北部的日本料理

店，都會強調自己店內的海鮮是基隆崁仔頂當天急送，甚至再遠一點到中部都有人這樣標榜。但這樣的說法若遇到擇食都得閃邊站了，因為從擇食走到崁仔頂不過五十公尺而已。佔盡了地利之便，道道都是「現撈仔」，甚至可以說整個崁仔頂就是擇食的大冰箱，走出門就有滿滿的漁貨，不必囤貨也不必大費周章地運送，要不新鮮也難。

「但漁貨來源愈新鮮，可價格卻愈不能高。」恰恰解釋，因為靠漁貨集散地愈近，客人對食物的要求也就愈高，來到這裡的客人要吃巧也要吃飽，但也就因為離貨源近，一樣品質的餐點定價得少二成以上客人才會買單。不過，這也成為督促他們前進最直接的動力，因為客人決不會放過每一個可以挑剔食物新鮮度的機會。

日式風格　在地情懷

喜歡生魚片的人來到擇食一定不能錯過盛合刺身。足足有十片綜合生魚片，每一片都是當季的魚種，略為厚實的嚼感，更是誠意十足的切法，而且價格親民。若是對生食不感興趣的人，則表面炙燒過的握壽司是最好的選擇，不僅一樣可吃到新鮮的海鮮，經過火焰炙烤過

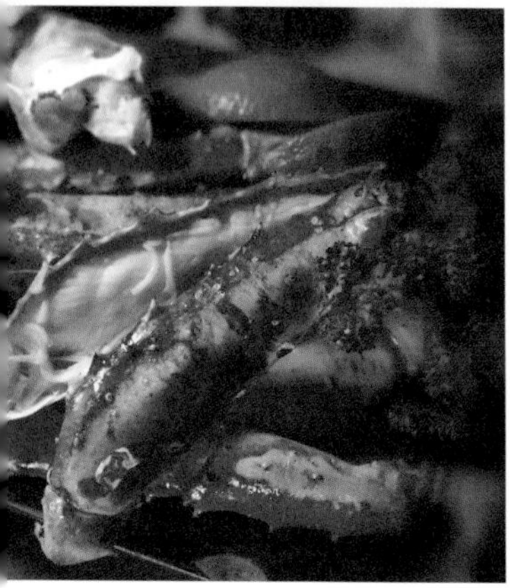

的表面，又多了一股微微的焦香。其中比目魚握壽司，嘗起來軟滑幾乎化口，搭配壽司米、少許辛味衝鼻的芥末，這種衝突的口感，讓人吮指再三。

來自東北角的軟絲，用鹽燒最對味了，恰恰自豪的說：「因為來源充足，所以我挑的軟絲都是3A至4A等級大小。」口感較厚較又飽嘴的軟絲，有著微微的鮮甜海味，除了鹽巴外，也不需任何的調味，這種來自大海的真實呼喚，再搭配一小杯清酒入喉，實在很速配。

而由雪花牛、培根干貝、豬肉、明太子雞肉組合成的串燒拼盤，道道都是經典。雪花牛肉切成骰子牛形狀，吃起來有著肩背肉的口感，卻又不乾澀；培根干貝帶著串燒醬香，吃來交織了肉香與海味的鮮；明太子雞肉串則是洋溢著奶油味，入口鹹甜鹹甜地，軟脥滑順中還

擇食居酒屋
基隆市仁愛區孝一路 23 巷 1 弄 2 號
02-24272222
營業時間：週日至週四 17:30-01:00
週五、六 17:30-02:00

帶著炭烤的香氣。

擇食的美味還有來自俄羅斯的海膽握壽司，大量的芥末入口嗆味直衝腦門，那股滑溜帶嗆的口感很是過癮。另外，原本只是限定菜單的烤午魚，現因四季供貨穩定也列入常態性菜色。這看似尋常的午魚，大小約十至十二兩，魚肉吃來油質豐富、口感好，尤其是雙面烤得金黃微焦，魚肉多汁嫩度佳，有一種在平凡中吃到不平凡的感動，深受饕客歡迎。

雖然擇食就像正統的日式居酒屋一樣以下酒菜居多，但調味並沒有特別偏重，而且若以份量而言，甚至還可以說是帶著些許基隆人的豪邁氣味，吃得好也吃得腹肚飽，絕不會小氣到讓人生氣。何況這開在暗巷裡的擇食，就像是一盞回家的明燈，照亮了基隆人的返鄉路。

一解鄉愁，
收服人心的道地泰菜

通通泰式風味小吃

有看過泰國菜也可以得來速嗎？

每到用餐時間，通通泰式風味小吃竟不只有廚房跟餐廳熱鬧，在與廚房相通的後門處常常還能見到有騎著腳踏車跟機車的顧客在排隊等候取餐，而這種類得來速的取餐方式，正是店家為顧及廣大的台灣及泰國老饕的貼心服務。看到這樣的情況，你應該可以理解，為什麼這是一家家常、可愛又受歡迎的泰式料理店了。

通通泰式料理的老闆匡賽琴是在泰國土生土長的華僑，她說：「我爸爸是流落泰北的孤軍，就跟電影《異域》演的一樣。」原本在泰國當導遊的她，十五年前嫁

給了到泰國遊玩而結識的先生，也因此離開泰國移居基隆。初來台灣的生活讓匡賽琴經常想念起家鄉味，加上在這裡吃到的泰式料理都改過口味並不道地，於是她漸漸有了乾脆自己來賣泰式家常菜的念頭。

泰國人排隊也要吃

一開始匡賽琴選擇在有許多外籍移工的林口賣起泰國菜，雖然經營了五年下來生意很好，但卻得跟住在基隆的先生、孩子分隔兩地，為此她在六年前毅然把餐廳搬回了基隆。只是對匡賽琴來說家庭生活是方便了，但卻也苦了原來在林口的老饕們。一開始還有從林口來的忠實主顧抱怨說：「妳把店搬到哪了也沒講，還好我們到處打聽才終於找到！」就為這念念不忘的好滋味，現在還有許多老饕們都還會特地從林口追來基隆吃。

說起來這些林口來的老主顧，都會讓匡賽琴感到窩心。因為通通泰式風味小吃真的是很低調地開在僻靜的基隆六堵工業區，而且只有一塊招牌，若非熟門熟路，常常有人一不小心就把車開過頭。幸好美食總是不寂寞，即便是把店開在這麼偏遠的地方，餐廳的生意還是非常興隆。

匡賽琴說：「在林口做生意時，大多是泰國人來吃，沒想到現在在基隆，台灣客人更多，反而是泰國人常常吃不到。」在通通的廚房也常可以看到一些打包好的料理，提袋上有的寫「台灣人」有的則寫「泰國人」，原來是同一家工廠的泰籍員工跟台灣員工一起訂餐，為了區別口味與菜色所做的標示。通通的料理就是如此有魅力，不僅能安慰泰國移工的思鄉情懷，也贏得台灣人的心。

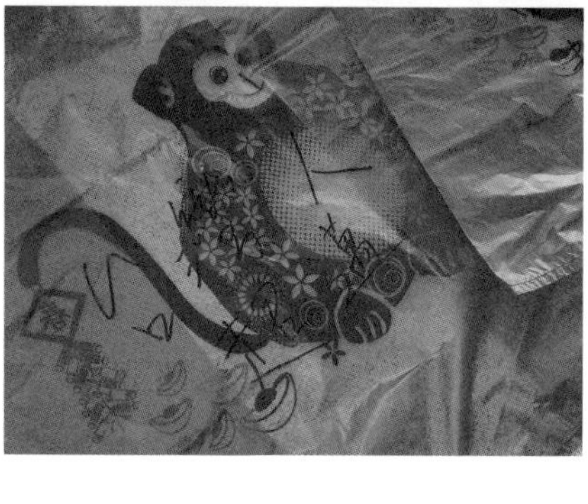

對泰國客人們來說，匡賽琴就像在異鄉相遇的姊姊一樣，喜歡叫她 pii wan，泰文中的 pii 就是姊姊的意思，而 wan 則是匡琴賽的泰國名字。還有一天晚上九點準備打烊的時候，忽然有個泰國人騎著腳踏車出現在店門口說要點餐，匡賽琴問他：「你不知道我們是營業到八點半嗎？」沒想到這位泰國客人竟哀求了起來，他說：「pii wan，妳知道這已經是我今天跑的第六趟了嗎？我今天下班老早就來報到了，但妳這邊都是滿滿的客人，還有人排隊，我只好晚點再來，結果跑了五趟都還沒有吃到。直到現在我還沒吃飯，就為了想吃妳們家的菜！」深受泰國客人們這樣死忠支持，常常讓匡賽琴又好氣、又好笑，但講起來又是滿滿的感動與溫馨。另外，店裡也有賣泰國雜貨，亦是對外國移工的貼心服務。

堅持泰味不妥協

老闆的好手藝與堅持使用泰國道地的調味香料，使通通泰式風味小吃的每一道菜都很美味，但如果硬是要問必點或推薦的菜色，可以試試這裡的打拋豬肉，這也是一道泰國家家戶戶都會做的家常菜。「蒜頭爆香後，下絞肉、蠔油，炒到豬肉末快熟時，再放入切成丁的菜豆用大火快炒，但最後一定要加入打拋葉。」匡賽琴說：「一定要用打拋葉，不能用九層塔代替，不然味道會變，一吃就知道。」果然，這裡的打拋豬一吃就是有魅力，碎肉Q彈與菜豆爽脆口感豐富，鹹香微辣的滋味真下飯，不知不覺一碗飯就扒光了。

家鄉的味道是很難妥協的，匡賽琴表示，像是外面餐

廳賣的涼拌木瓜絲都是只用拌的，但正統的泰式涼拌木瓜絲是要用搗的，所以像她外甥女來台灣都吃不慣外面賣的。堅持用搗的之外，通通泰式風味小吃的涼拌青木瓜絲，就連辣度也是很泰國，通常小辣就很辣了。另外，木瓜絲吃起來微酸中帶有自然的甜是因為加了羅望子，而清爽的香氣則來自比別人用了更高等級的魚露。

一般在泰式餐廳常見的菜色，在通通自然也都是強項，口味道地外價格也實惠。比如月亮蝦餅裡滿滿的蝦肉真的超有誠意；吃來酥脆肉鮮的椒麻雞，搭配融合蒜香微辣的酸甜醬汁滋味絕佳；泰式海鮮酸辣湯，滿滿的一鍋好料裡有鮮嫩的秀珍菇、Q彈的蝦子、飽滿的蛤蠣、爽脆的魷魚、芹菜、番茄……再加入檸檬葉、南薑、香茅等香料，湯頭酸辣夠味，香氣與滋味豐厚，只要這一鍋上桌，不管前面吃得多飽，還是會讓人至少再喝上一碗才會過癮。

黃咖哩蝦是匡賽琴很自豪的料理，黃咖哩聞起來香氣濃郁，入口微辣的咖哩蛋花裹著Q彈入味的蝦仁，配上爽脆的芹菜，滋味富饒迷人。如果想再嘗點特別的，可以試試這裡的涼拌荷包蛋，炸得酥香的荷包蛋加上生洋

蔥、芹菜、芫荽，淋上香辣酸甜的醬汁，一口就讓人食慾大開。

前面介紹這麼多道菜，每一道都值得品味，所以誠心建議想多嘗試道地泰式料理的饕客，一定要記得呼朋引伴，多找一些人來分食，這樣才能充分且多樣地享受到這裡的美味。然而對於只有一個人但又想吃道地泰菜的顧客，通通泰式風味小吃也很貼心，推出了單人份的泰式蓋飯、炒飯跟炒泡麵，讓人想吃就可以吃到。

通通泰式風味小吃

基隆市七堵區工建路 120 號

02-24513885

營業時間：11:30-14:00、17:00-20:00

公休：週一

12.17.2018.

悠閒咖啡輕食

咖啡之於基隆，

就像義大利人吃披薩一樣，再日常不過了。

基隆的咖啡文化開始得很早，

身為北台灣最重要的港口，

喝咖啡成為港口繁盛的重要象徵，

市區的咖啡館密度也是全台最高。

套句經典廣告台詞「整個城市都是我的咖啡館」，

對基隆來說，是再適合不過了。

來到基隆，喝咖啡彷彿跨越了階級或經濟的鴻溝，

路邊的騎樓咖啡座就是我的香榭大道，

喝咖啡不限時，就是基隆人的待客之道。

老房子裡的咖啡革命

金豆咖啡品味迴廊

稱金豆咖啡是基隆的「慕哲」（慕哲咖啡位於台北市，以舉辦文化沙龍著名。）其實有一點不那麼公允。雖然一樣是文青、奮青匯集地，也一樣有著不定期的藝文講座，但金豆咖啡會與你印象中的咖啡館更接近一點。在這裡你可以不帶壓力、找一個你喜歡的角落坐下，純粹來喝一杯好咖啡。

「今天要喝什麼？」、「你們兩人可以認識一下」，老闆娘美子與熟識的客人交談，就像跟自己的朋友講話一樣，這種寒暄，親切而不矯情。而男主人王鴻麟，則安安靜靜地站在吧檯

煮著咖啡，這是金豆咖啡的日常。

做為台灣對外最重要的通商口岸及航海門戶，基隆與世界的連結早在大航海時代就開始了。或許是接觸外國人的時間早，喝杯進口的舶來咖啡這種時髦的享受，在基隆的大街小巷隨處可見。不分老少、不分男女，坐在騎樓的咖啡座小歇，來杯偏中、深烘焙的虹吸式咖啡，看著來往流動的行人身影，這就是基隆人的品味，也是一種戶外饗宴。

在連接基隆成功二路和忠四路的三十一號橋下，小小的區域中廣納了各式種類的風貌小店，這裡也是庶民的日常生活區，熙來攘往的人群形成了自成一派的都市型態。當年王鴻麟的爸爸王國生，曾以兩口虹吸式咖啡壺，在橋下覓得一個安身處，靠著煮咖啡的好手藝與咖啡香，為船員及碼頭工人們，提供了短暫的休憩喘息處。

喝好咖啡是種必要

十多年前為了就近照顧父親，在台北工作多年的王鴻麟及田美子夫妻毅然決然地回鄉接下咖啡生意。但美子也坦言「回基隆後有些衝擊」，這衝擊是「當其他縣市的市政突飛猛進之際，基隆竟然一直都沒有改變，這到底是好還是壞？」

因此在夫妻倆二〇〇九年接觸了精品咖啡後，就決定要走一條與橋下咖啡攤不同的路。他們尋尋覓覓找地點，直到看到忠三路現址的老房子後驚為天人，最後在二〇一二年，結合咖啡香及展覽講座空間的金豆咖啡品味迴廊就此誕生。

金豆咖啡以「喝好咖啡運動」做為忠三店的主軸及靈魂，美子笑著說：「以前大家覺得喝杯進口咖啡很貴卻又很時髦，但近二十年來台灣的咖啡文化提昇，更是要求咖啡豆的品質及新鮮度，所以喝好咖啡，是一種必要也是一種運動。」對於他們夫妻來說，金豆咖啡品味迴廊更是一個媒介，一個既讓兩人做出想要的咖啡館樣貌，又要能吸引藝文同好及年輕人的複合式平台。

喝精品咖啡是種態度

店裡約有十一至十二款的咖啡可供選擇，以精品咖啡居多，煮咖啡前美子會先送上一小杯現磨的咖啡粉讓客人聞香，聞聞咖啡豆乾、溼香味的差異，就如同泡高山茶時的品香程序。那是一種對待食物的尊重及態度，讓客人更能崇敬且期待的咖啡。

虹吸壺煮出的哥倫比亞咖啡帶著微酸及果香，單純而美好，在金豆喝咖啡你會發現，咖啡真能讓人放緩心

情及腳步。如果夠細心的話，你還會發現每個客人的咖啡杯都不一樣。原來早在客人走進咖啡館的同時，老闆已經從穿著及外貌瀏覽完來者的個性，幫不同個性的客人搭配不同的咖啡杯，是王鴻麟在工作時展現的頑皮性格。藉由咖啡也讓他看盡百態的人生樣貌，增加了開咖啡館的樂趣。除了咖啡外，限量供應的甜點像是肉桂捲及司康也讓人驚喜。

在樓下喝完咖啡，彎進陡直的樓梯，二樓就是藝文展場，是學美術設計的美子一手打造的空間。雖然沒活動時空間顯得空蕩、講話都有些迴音，但誰能預期，只要是在舉辦活動時，這裡滿場的交談及熱鬧聲，一如許多外地遊客對基隆的看法－守舊、潮濕，但隨便的巷道轉個彎卻又時常發現驚喜。這種帶著衝突美感的場域，就是基隆咖啡館自成一格的優雅態度，也如同夾在一排老房子中的金豆咖啡，只要你認識過，絕對不會忽略它的存在。

金豆咖啡品味迴廊

基隆市仁愛區忠三路 75 號

02-24258817

營業時間：週一、週三至週六 12:00-23:45

週日 12:00-18:00

公休：週二

天堂的滋味
Eddie's Café Et Tiramisu

of
Eddie's

一杯莊園豆咖啡，搭配一塊正統的提拉米蘇，就是Eddie's café 讓人上癮的下午茶組合。

自古以來市集及街廓都是圍繞著市場發展而繁盛熱鬧，人潮也跟著市場的營業聚集、隨休市散去。位於成功市場外圍的華四街自然也是這樣，趕早市時來往買菜人聲雜沓，但下午則是寂靜一片，僅能隱約窺見人潮曾經走過的足跡。

老闆陳紹基的父母原本也在市場週遭經營家禽買賣，但對傳統買賣沒興趣的他，退伍後跟許多基隆年輕人一樣，到台北工作找尋理想，第一份工作就是在義大利人開的餐廳工作。那時義式咖啡才剛在台灣萌芽，多數人都還沒機會接觸，他就已經在那裡學會了煮咖啡的技能，以及正統的提拉米蘇做法。

「其實咖啡之於基隆人，根本就是生活的日常。」陳紹基說。後來他才發現，因為基隆港開發早，各國文化都透過船員或貿易商經由港口傳遞進來，也使得基隆港周遭咖啡館林立，喝咖啡對基隆人來說早就是日常生活的一部分。

後來陳紹基任職於精品服飾業，原本也預計要隨公司到中國哈爾濱籌備新據點，卻因家裡遭遇變故，造成他很大的衝擊及省思，於是他決定收拾飄泊，回家鄉創業做網購生意。他賣起在義大利餐廳學來的提拉米蘇，也漸漸在網購上做出口碑，後來因需要更大的作業空間，

便把父親留下的華四街空房拿來當網購基地，再加上自己愛喝咖啡，就這樣漸漸拼湊出一家咖啡館的雛型。

回歸咖啡的美好純粹

但要在一排舊式老房子中開咖啡館究竟行不行？一開始陳紹基也不敢想像。雖然年輕人想要回鄉工作總是件好事，不過當時基隆流行的可是簡餐咖啡館，咖啡不是主角，反倒像是吃完套餐後的附屬飲料。而陳紹基想經營的，卻是當時台北流行的新型態咖啡館，以咖啡為主體，搭配輕食、點心為輔，或許從現在的眼光看來，這樣的咖啡館早已稀鬆平常，但在十年前的基隆要做這樣的新嘗試，真的很需要勇氣。

許多第一次來到Eddie's café的人應該都會遇到，在一排舊式透天厝巷內穿梭，卻無法確認想去的咖啡館，究竟是在哪裡的窘境，也意外增添了尋獲後那種找到寶的心情。漸漸地咖啡店館闖出了名號，來訪的外地客人多了，而許多原本網購提拉米蘇的客人聞訊後也相繼尋來。不過，咖啡館座位少、人手少，還需要顧客們的體

諒與耐心等待。

陳紹基不斷到處尋求適合的咖啡豆，也讓小小的一家Eddie's café，即便座位數並不多，卻有多達十款的咖啡豆可供挑選。客人可藉由聞香為自己選豆，店家再將顧客喜歡的豆子煮成一杯香醇的咖啡，讓喝咖啡回到最純粹的香醇享受。

在地的客人最常問的一句話就是，「你煮的咖啡怎麼跟我以前喝的不一樣？」陳紹基說。基隆人因為很早就接觸咖啡，反而把對咖啡的想像，停留在日式的炭燒味，以及中、重度烘焙的曼特寧、巴西等咖啡風味。所以一開始對於義式濃縮咖啡，以及帶果酸味的莊園豆，手沖咖啡不太能接受，因此在Eddie's café喝到的咖啡，也顛覆了他們的既定印象。而且在這裡光是耶加雪菲就有五款不同的產區選擇，等級各有不同，讓每個人都可以找到自己喜歡的味道。

招牌必點 提拉米蘇

相較於單品咖啡豆強調風味的變化，屬於花式咖啡的摩卡奇諾則有另一種視覺樂趣。先把巧克力與濃縮咖啡混合後再拉花，喝來濃郁中帶著巧克力微甜味，也是店裡相當具有人氣的咖啡商品。

針對不喝咖啡的客人，Eddie's café也有茶飲可以選擇。像是艾迪茶飲，以大吉嶺、阿薩姆、伯爵茶等三款紅茶調和，保有各自的優點，同時去除澀口的缺點，相當好喝值得推薦。

另外，Eddie's café至少有六款點心可供選擇。尤其帶著酒香的招牌提拉米蘇，濕軟的馬茲卡邦起司入口帶著濃郁乳香，是非常道地的甜點；而撒了堅果碎及鮮奶油的香橙磅蛋糕也讓人驚艷，質感扎實有怡人的奶油香

氣，沾上鮮奶油吃，入口更為滑潤也不會膩。

店裡有時也有布蕾、布朗尼及堅果塔可供搭配，讓你喝咖啡永遠不會太單調。還有像用特調濃縮咖啡，搭配杏仁粉做成的咖啡小酥餅，是店裡八週年的限量款點心，加了焦糖及金箔點綴，感覺小巧精緻而怡人。

「單靠在地人不足以支撐回鄉的熱情」陳紹基說。他很怕目前基隆剛萌芽的一點點活力，很快就消褪，「但這個城市有它的歷史與光榮」，因此他也希望目前固定往返在台北間約四成五的基隆市民，能夠真正了解並愛上基隆的價值。讓基隆也能夠如同台南一樣，留下令人驕傲的美食文化，再現榮光。

Eddie's Café Et Tiramisu
基隆市仁愛區華四街 25 號
0989-840785
營業時間：週日至週二 13:00-19:00
周五、周六 13:00-21:00
公休：週三

恣意隨性的咖啡時光

丸角自轉生活咖啡

位在擁著基隆歷史風華的孝二路委託行一帶，丸角自轉生活有著委託行特有的精品櫥窗，也彷彿還裝滿了舶來精品的靈魂一樣。這家咖啡館不只賣咖啡，空間裝潢擺滿許多從海外蒐羅來的杯、盤、咖啡器具、書報雜誌，以及許多溫馨又饒富趣味的玩具、雜貨，也是許多客人對它印象深刻之處。

丸角的老闆小柳原本從事電子業，後來覺得想要有一些轉變，加上那時看到朋友賣咖啡的生活，認為開店比較能夠掌握自己的人生，而心生嚮往之，於是辭掉工作開始自己的咖啡人生。小柳一開始是在城隍廟、愛三路經營外帶咖啡吧，也曾經在朋友的介紹下到九份賣腳踏

車咖啡，因此結交了不少的咖啡同好與客群。離開九份後，小柳還到過台北名店學義式咖啡，也參加過台灣咖啡大師競賽。

直到二〇一一年七月回到基隆開丸角前，小柳無論是在烘焙、沖煮或管理等，所有關於咖啡館的事物都有完整地歷練過後，才開始了他自己的自轉生活。小柳也把當年陪他一起在九份做生意的腳踏攤車擺在店門口，做為創業的紀念，現在也是丸角給人的招牌形象。

其實以咖啡店而言，丸角的空間不算大，幸好有兩面落地玻璃窗，讓它在視覺上不顯得擁擠。一樓家具有骨董裁縫車改成的桌子，有設計簡單的咖啡桌椅，也有小學生的課桌椅，這些都在小柳巧思擺設下呈現出自在、

混搭的特色風格。而二樓少了落地窗則顯得較為隱密，不過透過玻璃窗框上的塗鴉、小黑板與牆上的粉筆畫，也有另一番隨性、輕鬆的氛圍。

經營了五年多後，二〇一七年三月，丸角又在巷內開設了「丸角後院」。但與其說是後院，這裡更像是個實驗室空間，小柳說，設置丸角後院的目的，是希望能以更輕鬆的方式與空間，讓客人來此做咖啡交流。未來預計還可以辦小型活動、咖啡課程等，甚至讓大家來體驗咖啡店的一日店長。

關於單品咖啡，小柳認為咖啡的美味感受因人而異，並沒有一定的標準，不過他也樂於推薦淺焙的日曬耶加雪菲給來訪的客人。這杯採用自家烘焙的耶加雪菲，在清甜的花果香氣中透著沉穩的堅果味，口感上也較一般耶加雪菲稍厚，喝來微酸不苦澀。甚至當咖啡流淌到舌根、喉嚨交界處，還能品嘗到一股細微的蜂蜜香。

甜不辣三明治 道地基隆味

而丸角的義式咖啡，就以黑糖拿鐵最具招牌。有別於外面常見在拿鐵上把黑糖烤成焦糖的做法，丸角的黑糖拿鐵，是先將自己熬煮的黑糖糖漿混合濃縮咖啡、覆上細緻綿密的新鮮奶泡後，再製作出雅緻的拉花。喝起來沒有一般黑糖拿鐵的甜滋滋，而是可以在溫暖的奶香中嘗到黑糖獨有的甘醇厚韻，是一款相當適合在冬天多雨的基隆享受的溫柔滋味。

備受客人喜愛的烤熔岩巧克力，以七三%的黑巧克力做糕體，加入香甜酒增添香氣，上頭再用奶泡覆蓋取代鮮奶油或糖粉。挖開蛋糕，熱巧克力像熔岩

般緩緩流出，與奶泡一拍即合成，更為柔和的顏色與口感。在刻意降低甜度的設計下，巧克力與柑橘甜酒味道也更為凸顯，令人回味再三，值得細細品嘗。

另外，丸角最有基隆特色的甜不辣香腸三明治，也相當值得推薦。小柳說，這道創意料理是有次朋友們來店裡試咖啡時意外發現的。那時大家喝得一肚子咖啡感到飢餓，就隨興跑到仁愛市場買了現炸的甜不辣回來，但只吃甜不辣又感覺太單薄，索性就把冰箱裡有的食材都拿來搭配，沒想到大家都吃得讚不絕口。

後來小柳便以基隆知名的碳烤三明治為發想，試著將甜不辣三明治做成總匯，並在修正口味後才拍板定案。丸角的甜不辣香腸三明治，將甜不辣炸過後加入香腸、生菜與小黃瓜，並以基隆最道地的丸進甜辣醬當抹醬，這精進版的甜不辣香腸三明治果然一推出就受到矚目。樸實的甜不辣演繹著基隆獨有的海港滋味，鹹甜適中的香腸巧妙提升了三明治的層次與口感，不僅不同於其他店家的輕食點心，更帶給人在地、愉悅又健康的感受。

丸角自轉生活咖啡

基隆市仁愛區孝二路 28 號

02-24273028

營業時間：週二至週五 12:00-22:00

週六、日 11:00-22:00

公休：週一

在基隆遇見奇異
SOH Espresso Café

順著田寮河畔來到錦蛇橋段，走過對街的劉銘傳路，眼前出現混合了現代與傳統韻味的市集建築，即是走過半個世紀的惠隆市場。這裡的名氣雖不若仁愛、信義兩大市場響亮，卻是在地居民重要的生活集散地，民生必備的雞鴨魚肉、柴米油鹽在這個市場中一應俱全。第一次來到這裡的訪客，可能僅靠手機或導航還是會迷路，也難以一窺究竟，所以最好有在地人帶路。

位在愛七路的市場入口處附近，SOH Espresso Café 其實只是一家十坪不到的小咖啡館，但這裡也是女主人 Carol 童年的記憶所在。與台灣許多望子成龍的父母一樣，Carol 的父母曾為了讓兒女能有更好的學習環境，以紐西蘭為移民目標，讓兩個女兒在高中畢業後就陸續離開台灣，前往紐西蘭求學。

因此在十七歲那年 Carol 就移民到了紐西蘭，一路從讀書、工作到後來結婚成家，晃眼就是二十五個年頭，對她來說紐西蘭儼然已是第二故鄉。而在人文風情、生活習慣都與台灣迥異的地方成長，讓 Carol 有機會接觸多元的種族與文化，也養成她對凡事抱持著開放的態度。

只是原本規劃退休後要移民紐西蘭的父母，最後決定留在台灣養老，這個改變卻也讓 Carol 開始想家。後來她想回台陪伴父母的想法愈來愈強烈，於是在紐西蘭籍老公 Michael 的支持下，夫妻倆便決定一起搬回台灣定居，也就近照顧年邁的父母。

地道美味 經典紐西蘭

擁有設計專長的 Carol 在回到台灣後，想嘗試不一樣的生活，於是在從小熟悉的惠隆市場裡開了一間咖啡館。而這家店內的特色也如同 Carol 的個人經歷，既有濃厚的在地氣息，又像招牌上的紐西蘭奇異鳥（Kiwi）一樣，宣告著強烈的紐西蘭風格，但同時也彷彿來到了 lounge bar，有著隨興不受拘束的性格。

不過，有別於台灣一般店家的忙碌型態，SOH Espresso Café 一週卻只營業四天，其餘不僅是夫妻倆在店內的備料時間，也如過往在紐西蘭生活一般，更重要的是享受兩人片刻的悠閒與自我。

店裡提供許多夫妻倆親手製作、具有紐西蘭特色的

SOH
ESPRESSO

甜點及飲料，甚至還有紀念品，相信曾造訪過紐西蘭的人，都能在這裡找到屬於自己的旅遊回憶。像是店家的招牌 SOH LATTE，就加入了紐西蘭卡瑪希蜂蜜（卡瑪希 Kamahi，為紐西蘭原生樹種），帶有奶油果香、質地滑順的蜂蜜與濃縮咖啡充分攪拌，喝起來微甜味潤喉卻不膩口，再吃口同樣來自紐西蘭的麥蘆卡蜂蜜巧克力（麥蘆卡 Mauka，紐西蘭茶樹）相當對味。

有愛就是家

名稱有著美麗姿態的帕芙洛娃（Pavlova）是紐西蘭常見的點心。據說這是為了紀念前蘇聯芭蕾舞演員安娜帕芙洛娃，在一九二〇年訪問澳洲及紐西蘭所發明的甜點，一般也認為源自紐西蘭。帕芙洛娃以蛋白霜基底，鋪上鮮奶油再搭配新鮮水果而成。放了一大圈鮮奶油的甜點，一開始會讓人誤以為很甜膩，沒想到吃起來意外爽口，加上外酥內柔的蛋白霜與水果，層次口感豐富，果然是經典級的甜點。

店家不定時提供的阿富汗餅乾（Afghan Biscuits），名字雖然叫阿富汗，但卻是一款經典的紐西蘭下午茶點心，材料有可可粉、玉米片與奶油等等，上面再放上核桃。口感吃來鬆酥中帶脆、香氣十足，讓人欲罷不能、一片接一片。

而特調的 Espresso Cola，則是很清涼的夏季飲品，特別適合愛喝冷飲的人。以濃縮咖啡加上冰可樂，再放入一些檸檬汁，喝來帶點微酸的俏皮滋味，入喉感覺也格外的沁涼。

跟著 Carol 來到台灣，Michael 不僅把紐西蘭文化帶到台灣來，他對這片土地也從原本的陌生到逐漸熟悉。如今他們喜歡一同沿著田寮河畔散步，再拐進彎曲的小巷中，慢慢品味基隆獨特的人文溫度，現在對他們夫妻倆來說，故鄉是哪裡已經不重要，因為有愛的地方就是家。

SOH Espresso Café
基隆市劉銘傳路 6 巷 24 號
0976-801747
營業時間：週五至週一
12:00-22:00
公休：週二至週四

與喵星人的浪漫邂逅
貓小路 café

很多人留在基隆，可能是因為愛上一個人，但貓小路的老闆愛上基隆，則是因為一隻貓。

二〇一〇年的夏天，家住台北的莊華懿為了領養一隻叫做MOMO的貓第一次來到了基隆，對這個有山、有海、有港的美麗城市有了深刻的印象，之後就常常利用假日來基隆遊玩。兩年後當莊華懿厭倦了銀行工作選擇自行創業，在家人的鼓勵下鼓起勇氣來到基隆，開了這家貓小路。

「我雖然讀的是財經，但從十七歲開始就會在咖啡店打工，也很早就立定志向想要創業。所以當我聽到一些

前輩分享他們的創業經驗談，都建議創業要趁早，還說二十五歲以前最沒有包袱，加上家裡的人都愛喝咖啡因此很鼓勵，所以當時就一鼓作氣地想說試試看。」莊華懿說。

然而創業除了考驗經營管理，更需要冒險的勇氣。沒想到看似嫻靜的莊華懿，竟是一個早早就立定志向，並在二十五歲就付諸實踐的創業冒險家。

空間可愛繽紛

會把店開在基隆，自然是因為莊華懿領養MOMO時跟當地結下的好緣份。只不過那時她每

次來基隆的時候剛好都是晴天，於是基隆獨有的山城、海港之美就被這好天氣襯得閃閃發亮，再加上有別於台北匆忙的生活節奏，基隆悠閒的城市步調與風情令她心生嚮往。在如此迷人的情境下，讓莊華懿決定將貓小路開在基隆。

「不過開了店以後才知道，基隆原來真的是很愛下雨啦！所以我每天早上從台北要來基隆的時候，都會學基隆人在包包裡面放把隨身雨傘。不然台北明明好天氣，到了基隆就得淋雨。」講到這段過程，華懿仍忍不住笑。

愛貓之人好像都有一點像貓咪，有著勇敢、優雅、無處不自在的性格，像貓這一點，同樣從貓小路的空間也可以感受得到。來這家特色小店，顧客需像貓咪一樣縮身穿過窄長的樓梯，一直爬到三樓，才會發現一個繽紛可愛又浪漫的巧妙天地。店內的布置配色參考動畫電影《借物少女艾利緹》，並以貓咪做設計主題，整個空間給人一種溫柔、舒適又夢幻的感覺。

不只在空間上呈現細膩與夢幻，採訪當天喜歡手作、藝文作品的莊華懿，還拿出店內一些獨一無二的餐盤、托盤、菜單與留言本，既開心又驕傲地分享：「這些餐盤、托盤、菜單都是我們的工作夥伴自己畫的喲！很棒

吧！還有這個留言本裡頭，我們客人也都畫得超棒。我覺得基隆人很多都很會畫畫耶。」或許就是這樣真誠可愛的個性，讓莊華懿跟員工、客人都很親近，還有很多客人跟她聊了一整天，都沒發現原來她就是老闆。

不過通常像這樣一家布置得如此夢幻的特色咖啡店，有時候可能會讓人以為得降低對餐點口味上的期望值才行，但是來貓小路用餐，卻完全不需要擔心這一點。

本著不想要讓空間變得很油膩，還有自己也想吃的精神，莊華懿除了自己學習、研發、製作甜點外，還每天早上親自去仁愛市場採買新鮮食材，為的就是想要提供給店裡的客人品質最好的甜點，與最新鮮美味的輕食料理。而她的細膩心思與執著，從端上桌的餐點就能感受到。

萌貓盤飾融化人心

好比貓小路最暢銷的布丁蛋糕，看起來好像很簡單，卻是相當地細緻可口！下層是以北海道小麥粉製作的戚風蛋糕，甜度適中；上層則是採用新鮮香草豆莢製成的焦糖香草牛奶布丁，吃起來口感滑嫩、香草香氣濃郁，也完全沒有蛋腥味，十分美味。

若是想來點華麗的下午茶，那就絕不能錯過貓小路招牌的貓王鬆餅。這道甜點的發想，源自美國知名搖滾巨星貓王最愛的一款由花生醬、香蕉、草莓組成的華麗三明治。莊華懿將原本三明治的吐司改為鬆餅，最上層的鬆餅還是星星造型，在每一層都抹上自製的草莓醬及花生醬，再鋪上切片香蕉，搭配棉花糖、新鮮奶油與用巧克力醬畫出的貓咪盤飾，就是貓小路最萌、最具人氣的可愛華麗超級甜蜜巨星。

想吃鹹食的顧客，也不妨試試店裡的迷迭香咖哩雞肉三明治。雖然說是輕食，但輕的是對身體的負擔而不是份量，這餐點的份量相當充足，甚至可以兩個人分享。另外為了兼顧口感與健康，貓小路特別採用軟硬、厚薄適中又帶有一點點嚼勁的拖鞋麵包，內餡的咖哩雞排則以新鮮的迷迭香跟橄欖油香煎而成。一口咬下，雞肉厚實而不柴、咖哩味濃，再與蛋沙拉、生菜、起司、番茄巧妙搭配，滋味平衡互融而不膩。配菜還有鹹脆可口的蝦餅，及用百香果醬調味、吃來清爽的水果沙拉。整套餐點不但視覺豐富，口感富有層次，又能兼顧營養與健康。

飲料自然是貓小路的強項，這裡的拿鐵咖啡香濃順口，無論冰的或是熱的奶泡上都有著可愛的貓咪拉花。另外，店裡的花果茶也都是特別選用不含香粉的德國農莊有機花茶，像草莓覆盆子果粒茶就沒有一般莓果茶的死甜跟香精味，就連孕婦和小朋友都可以安心享用。

莊華懿說：「一想到客人特別爬上三樓來消費，就覺得一定要把飲料與餐點的品質做好，而且儘量實惠，才能回應客人的支持。」也就是因為抱著這樣的心態，貓小路才會一直不斷地開發新餐點，也幾乎每兩年就會換一本新的菜單與推出菜色。

對了，如果你來貓小路，有件事得先要提醒一下。那就是雖然貓小路是以貓咪為布置主題，而不是有貓咪陪伴或所謂的寵物餐廳，但在不影響客人用餐環境與衛生條件下，店裡其實還是有幾隻乾淨的貓咪，並且順著牠們的性情可以自由自在地活動。所以如果來到貓小路，還希望每一位顧客都能記得隨手拉上店門，避免哪隻頑皮的小貓趁機溜出去後找不到回家的路，就請大家一起來保護牠們的安全囉！

貓小路 Café

基隆市孝二路 83 號 3 樓

02-24289908

營業時間：週一至週四 11:00-21:00

週五至週日 10:00-22:00

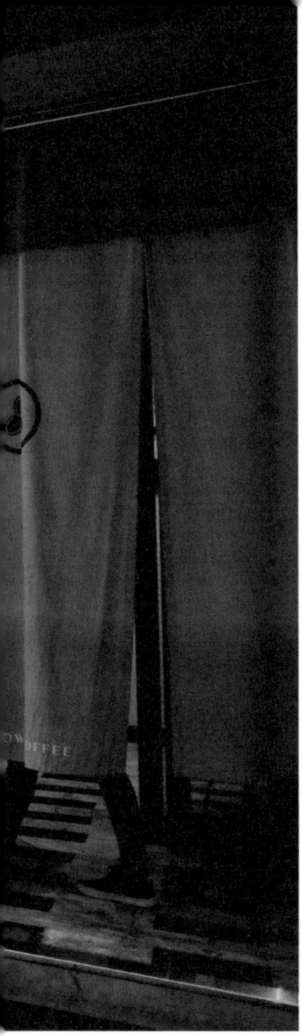

店不在大，有好咖啡就行
貓町咖啡

廟口旁的小巷子總有新鮮事！位在巷弄中的貓町咖啡，即使離鬧區那麼近，卻還是得靠咖啡迷的指引才能找到。而這家基隆的人氣咖啡館，就在與外界的車水馬龍隔絕、在一般外地觀光客不會走進來的小巷中，以孤傲的姿態出現了。忘記是誰說過，老闆是什麼樣的脾氣，這家店就會出現什麼樣的個性，這句話用在貓町咖啡身上更是貼切。

貓町咖啡的老闆曹介彥，從高中開始就有喝咖啡的習慣，他跟許多基隆長大的孩子一樣，也曾到外地去工作、在繁華的大都市中過著工具人的日子。最後當他決定要自行創業時，也選擇了回到故鄉基隆的懷抱。雖然起初他不知道自己能做什麼，但後來「身

體忠實地告訴自己，只有喝咖啡時，才是最放鬆的時候。」於是曹介彥決定要以咖啡為業，就這樣在二〇一三年，他找到了義四路的一個騎樓空間，開了家行動咖啡，當起自己的老闆。

店名取名叫「貓町」，果真是跟「貓」有關。原來從經營行動咖啡開始，曹介彥就陸續收養了幾隻流浪貓，像是「阿勇」及「小花」，兩隻不定時出沒的貓咪，就這樣成為店內的活招牌，也增添了喝咖啡的樂趣。

開業幾年後，曹介彥也萌生了要有間室內小店的想法，最後尋到夜市旁的清幽小巷，讓貓町咖啡有了自己的據點，「我希望這是間可以每天來的店」曹介彥說。所以即便店裡只有七坪大，座位更只有八個，但以亞麻的布簾裝飾的空間，卻又讓人覺得文青感十足。「雖然沒有舒適的座席，但這裡絕對有高品質的good coffee」曹介彥的說明令人莞爾一笑，而這一杯好咖啡，正是他開咖啡館的初衷。

金桃飲品 記憶中的滋味

搬到店面後，許多熟客也跟著曹介彥從馬路轉到了小巷內，畢竟來杯貓町咖啡，早已成為生活的一部分。這裡選用一〇〇%阿拉比卡莊園配方豆，產地都有清楚標示，讓習慣喝單品咖啡的人方便選擇。而貓町經典配方豆，混合了亞洲及中南美洲的特調咖啡豆，喝來帶有堅果、黑巧克力及些許黑糖的滋味。另外，一杯九十元的每日精選咖啡也不時帶來驚喜，有時候還會喝到藝伎咖啡豆，讓人覺得這一天彷彿中了樂透彩。

店裡的招牌拿鐵也相當受歡迎，內用還享有拉花的視覺感受，不因平價而馬虎，喝來香醇宜人、奶香濃郁，果然是咖啡入門的不二選擇。還有用威士忌瓶裝的冰滴咖啡，一看就覺得很威，也充分地呈現出咖啡的果酸味，但冰滴咖啡並非每天都有，所以若有機會喝到就千萬別錯過。

除了咖啡外，貓町也有茶及冰沙飲品可供選擇。像是夏日限定的金桃冰沙，更是一般咖啡館少見的楊桃汁飲品，這源自於曹介彥印象中小時候喝到的楊桃汁味道，是熟客才知道的隱藏版菜單。為了找到印象中的味道，曹介彥可是從北一路找到高雄知名的楊桃汁店才尋獲。

楊桃汁加上蘋果、莓果及蝶豆花冰磚堆砌而成的金桃冰沙，色澤誘人，喝來酸甜沁涼、生津止渴。而金桃氣泡飲創意地搭配了濃縮咖啡，既有咖啡的濃郁口感又有氣泡水的暢快，加上酸甜的楊桃汁，滋味也很爽口怡人。

由於早上八點就開門營業，因此除了咖啡及飲品外，貓町的輕食及早午餐種類也很多元。尤其一般坊間常見的熱狗堡，貓町更是巧妙地結合了基隆在地的手工炭烤吉古拉，淋上味道同樣在地的味噌辣醬，加上生菜、番茄及美乃滋，都讓這吉古拉熱狗堡吃來鹹辣多汁又帶著甜味，顛覆了熱狗只能搭配番茄醬的刻板想像，風格非常獨特。

小巷裡的咖啡店充分發揮了職人的精神，原來只要用心經營，不管地點好不好找，都能留得住客人。

貓町咖啡
基隆市仁愛區愛二路 54 巷 12 號
02-24272300
營業時間：週一至週五 08:00-19:00
週六、日 10:00-19:00
公休：隔週日休

一杯咖啡佐基隆港美景
Loka Café

當多數的基隆年輕人每天一早奔波地往其他縣市上班的同時，住在新北市新店的劉育助卻是每天來往基隆，為了圓他的咖啡館之夢。

基隆港是台灣北部最重要的海運樞紐，整個港區被基隆市中心給環繞，市區的街廓也沿著港區發展。早年基隆市民的生計與基隆港是唇齒相依，所以在航業最盛之時，正對於基隆港的一排舊式透天厝、熙來攘往的中正路，曾經是許多餐廳及報關行設置的熱門地點。只是近年隨著中國各港口的快速崛起，而基隆港又礙於腹地限制無法擴建，導致船務量銳減，也嚴重影響了中正路上的商業經營。

可以說過去的基隆是停滯了十年之久，因此很難吸引青年留在當地發展。幸好這幾年市容漸漸獲得改善，基隆不再給人又臭又暗的印象，尤其林右昌市長上任後，積極推動清整纜線、恢復基隆天際線的工作，反而讓外地的年輕人有機會看到這裡的港口、大船，聽到了嗚笛聲及人潮的熱絡，慢慢地也有人反其道而行，開始從外縣市往基隆靠攏。

雖然老舊的建物有其營業上的限制，卻依然保有褪

盡風華的迷人滄桑味。像是劉育助當初來到現在 Loka Café 所在位置的這棟透天厝，便被它停泊在港邊的浪漫郵輪以及無敵的基隆港海景給吸引，毫不猶豫就決定在這裡開咖啡館。

沿著筆直的階梯來到 Loka Café，看著窗外開闊的基隆港景致，果然是個絕美之地，也讓人的心情瞬間開朗了起來。吧檯旁的黑板上密密麻麻地寫著飲料及甜點名字，老闆劉育助在吧檯煮著咖啡，一旁的林紫涵則身兼接待及甜點師，兩人在各自的專業領域裡，看似互不干擾，但畫面又是那麼地和諧。

為了維持咖啡館的香醇味道，Loka Café 捨棄了咖啡簡餐店的複合型式，堅持不提供餐點服務。而且劉育助覺得相對於台北或新北市，基隆的步調顯得緩慢許多，光是在這裡靜靜地、慢慢地品嘗咖啡就已經是種享受，「我每天在店裡聽到郵輪船笛樂聲，感覺心情都好了起來。」

柚香清酒咖啡 酸甜冰涼

「在基隆泡咖啡館的人年齡層很廣泛，與台北以 SOHO 族居多的現象有很大的差別。」劉育助在吧檯前觀察著來來去去的客人，他說，在台北他看到的客人進到咖啡館後，就是習慣性地打開電腦工作，彷彿咖啡只是搭配工作的一杯飲料而已。但在基隆這個城市中，喝咖啡是悠閒的，一杯好的咖啡就是值得細細品味。

置身海港城市，其實基隆人很早就開始接觸咖啡文化，市區的咖啡館密度可稱全台最高。無論你是藍領或是白領，學生或菜籃族，隨處找個路邊的騎樓咖啡，坐

下來品嘗一杯，就是平凡不過的基隆人日常。根據劉育助的觀察，或許因為接觸咖啡文化早，基隆人習慣喝帶有炭香味的中、重度烘焙的咖啡，所以近年各地興起的果酸味淺焙咖啡，在這裡並不特別受歡迎。

儘管如此，喜歡非洲豆的劉育助，還是特別推薦帶有果酸味道的咖啡豆。雖然知道這樣的咖啡豆在基隆並不是主流，但在他的堅持下也已經累積了不少的顧客同好。然而除了招牌的手沖單品咖啡外，店家也提供多元的咖啡飲品，像是柚香清酒咖啡，以新鮮葡萄柚汁加上少許清酒與濃縮咖啡，喝來帶有淡淡的酒香味，酸甜冰涼又濃郁，是很有滋味的咖啡飲品。還有在濃縮咖啡中注入新鮮檸檬汁的西西里咖啡（或稱羅馬咖啡），也很適合在夏天品嘗。

而 Loka Café 的甜點師林紫涵，從大三起就對烘焙產生興趣，雖然畢業後曾在海運公司短暫地工作過，但自從來到 Loka Café 上班後，也終於有機會讓她實踐了烘焙的興趣。這裡的抹茶蛋糕模樣迷人，最上層的抹茶淋醬中和了蛋糕的甜膩度，滋味平衡相當好吃。還有許多女生喝咖啡一定得搭配的鬆餅，林紫涵選擇了尺寸小一點的比利時鬆餅，吃起來口感更為札實，嚼一下還有珍珠糖的甜香味，同樣值得推薦。

Loka Café
基隆市中正路 28 號
0920-393370
營業時間：12:00-21:00
公休：週一

大快朵頤美式熱狗堡

Sr. Nio 尼爾先生

挨著狹小的階梯爬到二樓，最先映入眼簾的是，玻璃門後掛在木牆上的粉紅色電吉他，推開餐廳大門，一位穿著T恤、綁著低馬尾、皮膚白皙的清秀正妹貝兒，用著甜美的笑容招呼大家。別看貝兒一副低調樸素的模樣，她可以說是尼爾先生的招牌之一，也是在開業時曾造成轟動的正妹老闆娘。

有別於基隆孝三路一帶慣見的傳統小吃、甜點與咖啡，尼爾先生賣的是美式熱狗堡。正因為老闆、老闆娘顏值高，東西又好吃，於是在顧客網路推播與口耳相傳下，使得尼爾先生尤其在基隆年輕人圈中非常有名氣。

親自下廚的帥氣老闆江尼爾，當過電吉他老師，也曾在出社會後過過一段業務生涯。他說就是因為自己在跑業務時，常以好吃又方便的熱狗堡果腹，才會興起賣熱狗堡的念頭。幾經研究試驗後，他在二〇〇九年跟當時的女朋友、現在的老闆娘貝兒，選在安一路擺起小攤子賣熱狗堡。

「當時只有四至五種口味，一份大概賣五十至六十元左右。除了遇到雨天比較不方便外，其實平常生意都還不錯。只是在賣了快一年後，在墨西哥做生意的親戚需要人手要我們過去幫忙，最後在墨西哥大概待了兩年，才又回來台灣。」江尼爾說。

墨西哥風味　人氣第一

但也因為這一段經歷，兩人在二〇一四年回到台灣

後，便正式在基隆開業經營Sr. Nio尼爾先生，並在親戚的建議下，自己嘗試做莎莎醬、研發帶有墨西哥口味的熱狗堡，現也成為了店內相當受歡迎的人氣餐點。回想剛開店創業的時期，尼爾笑說，「因為人手就他們兩個人，所以開幕時其實蠻手忙腳亂的，像是都已經要營業了才發現忘記準備包材，幸好後來久了也就順手了。」或許也就是因為兩人開朗的個性與不拘小節的氣氛，讓來到餐廳的年輕顧客們都能感到舒適而愉快。

雖然餐廳因為人手太少並沒有積極向外宣傳，但幾年下來還是累積了不少的忠實顧客，像平日以學生或上班族外帶為主，而假日則是有不少的觀光客會專程前來。而為了使顧客們都能保有新鮮感，尼爾先生的菜單除了經典的人氣商品外，大概一至二個月也就會推出新作。

店裡最人氣餐點就屬墨西哥熱狗堡，其熱狗不是用油煎的，而是以加了肉桂葉、洋蔥的湯頭煮成。煙燻脆皮熱狗煮熟後，放入加了莎莎醬的麵包，再淋上美式芥末。咬上一口，被鎖在熱狗裡的肉汁鮮甜夠味，更與莎莎醬、芥末融合，口感層次大幅提昇，讓人欲罷不能。

另外，同樣熱銷的起司雙熱狗堡，以尺寸較細、口味較為清淡的雙熱狗做主角，再和莫札瑞拉起司與切達起司一起烤成。吃起來有著濃郁飽滿的起司滋味，也是店裡最受女性消費者青睞的餐點。

花生起司牛肉堡　鹹香好滋味

而尼爾先生的炒麵熱狗堡也是一絕。尼爾說炒麵熱狗堡的概念雖然來自日本的炒麵麵包，但因為口味是自己研發、以最細的台灣油麵來炒，所以吃起來跟日式炒麵不一樣。熱狗堡中有著香脆的培根、軟Q夠味的炒麵，配上煙燻熱狗、萵苣，一口咬下真是多重享受。目前炒麵熱狗堡有照燒、辣醬、甜辣三種口味，江尼爾表示，辣醬真的是會讓人冒汗的麻辣，所以無法吃辣的客人，建議還是選擇照燒或甜辣口味。

除熱狗堡外，尼爾先生的花生起司牛肉漢堡，也是相

當推薦的好味道。加了起司、牛肉、花生醬的漢堡，吃起來口感扎實、滋味鹹香，最難得的是，不甜、有顆粒又非常香濃的花生醬，不僅沒有搶走牛肉排的風采，反而是讓牛肉的滋味跟口感更加飽滿、厚潤。尼爾將一般夾在漢堡裡的萵苣、洋蔥圈、番茄、酸黃瓜等配料另外擺在盤中，讓客人可以隨著自己的喜好搭配著吃，也讓漢堡有了更多元的滋味組合。

對了，江尼爾還建議點花生起司牛肉漢堡的客人，不妨試試把薯條也蘸些花生醬來吃，味道同樣也很搭。他說這能襯托牛肉與薯條卻又不搶風采的花生醬，可是兩人試了很多家花生醬之後才找到的，有機會一定要來品嘗看看喔！

Sr. Nio 尼爾先生
基隆市仁愛區孝三路 26 號 2 樓
02-24287181
營業時間：週一、週三至週五 09:00-21:00
　　　　　週六、日 11:00-21:00
公休：週二

單純而美好的窯烤麵包

舞麥窯

稱是手工麵包，對舞麥窯絲豪不為過。因為這裡的麵包從自磨麵粉、自養酵母開始，不添加人工奶油及雞蛋，還得經過十六小時長時間的發酵，才能得到質地厚實且具嚼勁的手工麵包。

舞麥窯的老闆張源銘曾從事媒體工作長達二十年，直到五十歲之前，他才開始學做烘焙，並想以此做為人生最後一項職業。雖然張源銘的決定讓許多人驚訝，但卻不是憑空想像而來。他說會開啟烘焙之路，其實也是無心插柳的一個過程，因為他的父親曾在梨山工作時，向山東人學了做饅頭的技能，所以休假時總會做饅頭給家人吃。在物資較匱乏的年代裡，這熱騰騰的山東饅頭成了張源銘的美食記憶。原本他想讓母親重溫父親的饅頭滋味才嘗試動手做，沒想到這一做就做出興趣。

後來很有實驗精神的張源銘心想：「饅頭不就是蒸的麵包，而麵包就是烤的饅頭。」於是他開始靠著書籍自學烘焙外，也在部落格上發表做麵包的歷程，頗受讀者好評。因為一開始是要給家人吃的，所以張源銘就很堅持要酵母自養、用台灣小農食材、拒絕非天然添加物，也不使用人工奶油、牛奶、雞蛋與肉類，以行動來執行環保理念，也杜絕食安問題。

好酵母，得有足夠的時間發酵，所以舞麥窯的麵糰最少得發酵十六小時以上，在一定的溫度中可以控制菌種的酸度。張源銘說，有些朋友原本說麵包吃多會胃酸，但吃他們家的麵包並不會有這問題，其實關鍵就在發酵的時間夠不夠。

除了酵母外，影響麵包口感很重要的關鍵就是麵粉了。許多人都想知道張源銘用的是法國還是日本的麵粉，但他卻說其實用怎樣的麵粉都沒有對錯、優劣，除非它有非法添加物，而他的選擇，就是不用漂白或添加非天然物質的麵粉，換句話說，就是成分愈單純的麵粉就愈好。

天然、養生與本土

但要找到完全無添加的高筋麵粉，確實很難，後來製粉界的好友推薦了僑泰興的麵粉，只不過這家的高筋麵粉通常拿來做麵條，烘焙業過去還沒有人試做成功。但張源銘確信，長時間發酵就是解決小麥酵素在製粉過程

中被高溫殺死的方法，因為水解可以替代酵素分解，試做後也證明了他的想法，只不過這樣的麵粉，不可能做出又鬆又軟的麵包。

要回到最初始做麵包的方法，除了無添加的麵粉外，張源銘堅持要在麵糰中添加雜糧粉，雖然麥麩營養性高，但對發酵卻會造成阻礙，也會影響麵包的膨鬆度，不過卻也意外成為舞麥窯的麵包特色之一。

而不用牛奶、奶油、雞蛋、肉類，只使用初榨橄欖油來製作麵包，可以讓麵包呈現非常純粹的小麥香味，不僅拿起來重量頗重，吃起來口感也夠扎實。而且也因為食材簡單，可以延長保存時間，切片後放入冷凍庫裡，足足可以保存兩個星期之久，也不擔心會腐敗。

做出差異化的麵包是舞麥窯能受到歡迎的原因，張源銘表示，他早就知道自己走的是一條小眾的市場，所以得有獨特性，他賣的就是歐式麵包，不追流行也不花俏，也不做甜麵包及甜點，要走一條孤獨的烘焙之路。幸好多年來舞麥窯也擁有一群追隨者，會願意不遠千里地到暖暖來買麵包。

舞麥窯的南瓜起司麵包吃來外皮硬脆，而內餡則有南瓜自然的甜味；香草番茄起司麵包則是將新鮮番茄烤乾後，加入麵團裡，吃來有股風乾番茄的滋味。另外，自帶甜味的核桃桂圓麵包，一直使用來自南投中寮的炭焙桂圓乾，每顆桂圓乾都是農民在坡度很高的龍眼樹上採收後，在炭窯上烤熟與日曬而成，然後再手剝去殼才能得到，也因此彌足珍貴。

對張源銘來說，生產麵包的每一個過程都充滿了豐富的故事性。只是台灣人吃慣了軟麵包，對純歐式麵包的接受度還在適應當中，但他說，雖然賺錢真的很重要，可是對做食物的人來說卻不是第一要項。做麵包可能是他這輩子最後一份工作，他要用盡心力來做好，在自己的原則標準之下，找出解決的方法。

舞麥窯手工麵包
基隆市暖暖區暖暖街 281 巷 2 號
0919-948269
營業時間：週二至週六 08:00-18:00
公休：週日、一

08.27.2018

樂享美食區塊戀

如果想真正體驗在地人的日常生活，

到市場走一遭絕對是個好點子。

基隆有許多的傳統市場，都以市集型態集中營業，

不但造就了豐富且 CP 值超高的美食小吃，

也形成了繽紛的美食區，只要走一趟就可以將各種美味一網打盡。

仁愛市場的建築物上斑駁痕跡，

早已是歲月的光榮展現；

而孝三路則是歷史不衰，

「大碗又滿意」的平民小吃一條街；

至於曾經是北台灣最大漁貨港的正濱漁港，

也是靠港吃飯的漁工們稱為「水產」的地方，

在最興盛時期是遠洋拖網與延繩釣漁船的主要作業基地，

一群又一群前仆後繼來此賺吃的船員，

讓這裡自然而然地形成了美食的聚落。

仁愛市場

最傳統也最新潮

65

第一次造訪仁愛市場的外地人，看到琳瑯滿目的肉品、蔬果、點心，及此起彼落的叫賣聲，你會以為不過是來到一個規模較大的複合式傳統市場。但只要順著電扶梯上到二樓，你還會發現這裡別有洞天，原來整個市場所展現的是基隆豐富且多元的庶民文化。

仁愛市場的歷史最早可以追溯到一九〇九年，也曾是日治時期是基隆地區最大的副食品供應地。而現在的市場建築在一九八九年啟用，不僅融合住宅、市集也設有地下停車場，饒富特色也相當便民。

在仁愛市場可以找到各地風味小吃及基隆特色美食，還能修指甲、做頭髮、品咖啡、買衣服雜貨，甚至還有空調設備，要說仁愛市場是平民的百貨公司也不為過。尤其近年在網路的宣傳下，仁愛市場幾乎成了年輕人的美食祕境，現在逛市場、啖美食儼然成了基隆的一股潮文化，不少的店家也漸漸地經營出自己的好口碑。

豪邁大器 櫻壽司

位在北台灣最大的漁貨市場崁仔頂旁，容易取得新鮮實惠的魚鮮，因此仁愛市場二樓也開了不少台式生魚片料理，每家都有名氣外也深受顧客信賴，像是位在電梯口附近的櫻壽司，就是其中很受歡迎的一家。

說起櫻握壽司的故事，人稱海哥的老闆林茂庚表示，他的

舅舅在仁愛市場改建前就在附近擺攤賣魚，後來抽到市場二樓攤位，想說賣料理比較適合，於是開始做壽司。舅舅年紀大了以後，就將攤子傳給他。然而也因為這個壽司攤，溫飽了林茂庚一家人，也讓原本出生、成長於新北市的他，決定在基隆落地生根。

海哥戴著手套將生魚切好、抹上薄薄芥末，鋪在事先捏好的壽司飯糰上、排入盤中，再刷上素蠔油，最後搭配一搓嘉義醋薑。有別於細緻講究的日本壽司，台式握壽司的可愛之處，就在於它用材的豪邁與真誠。而櫻壽司的菜單也很單純，只賣鮭魚、鮪魚、旗魚三種生魚壽司。海哥說，因為這三種魚一年四季的口感、味道品質比較穩定。

吃台式生魚握壽司的時候，配上一碗店家的味噌湯是道地吃法。這一碗湯的湯底是用新鮮的邊角魚肉熬煮，再加入板豆腐跟基隆著名的丸進味噌。味噌湯中的魚肉大塊口感毫不柴澀，也非常的柔嫩鮮甜，而丸進的味噌自然甘醇，細膩地展現樸實、暖心的溫柔。

除了味噌湯，櫻壽司也有鮮魚湯，最常提供的是一年四季都有鯧魚湯。簡單用薄薄的鹽巴調味，加上薑絲、蔥花，吃起來魚皮充滿膠質而不腥，肉質細嫩有彈性，是對魚鮮刁嘴的基隆人最喜歡的魚湯之一。

功夫炒飯 福記小吃

福記老闆林添福家原本就在夜市賣汕頭牛肉麵，從國中就開始幫忙家中生意的他，也繼承了家傳的好手藝。成家後為兼顧孩子的成長與家庭的經營，林添福便改到

仁愛市場做早午市生意。憑著老闆的廚藝與老闆娘張令君的親切，再加上食材新鮮、用料大方，使得福記小吃受到在地居民與外地老饕的肯定，牛肉一天就可以炒上三、四百斤。

但是生意再好也不影響老闆跟老闆娘對待客人的態度，老闆娘總是笑瞇瞇、耐心且有條不紊的接待客人，老闆也從不因忙碌而偷工減序。他說，就是因為絕不偷工減序，有時候點單多，讓客人等覺得很不好意思，也希望客人可以多多體諒，畢竟他希望每個客人都可以吃到最好吃的美味。

看到鳳梨蝦蛋炒飯的蝦仁大小與數量不禁令人嚇一大跳，問老闆娘平常就給這麼多嗎？老闆娘笑著說：「薄利多銷啊！」吃口Q彈新鮮的蝦仁，搭上鹹香爽口的蛋

炒飯，正覺得滿足的時候，卻又被炒飯中微微酸甜的鳳梨給驚喜到，就像是被孩子偷偷親了一下，相當美妙。

只是好奇這已經相當美味的炒飯，為什麼還要再鋪上肉鬆呢？打聽下才知道，原來在鳳梨蝦蛋炒飯上鋪的，可是基隆知名的美味香肉舖的肉鬆，店家可謂是不惜重本。不僅沒有油耗味或肉腥味，美味香的肉鬆還鹹甜適中、不過度調味外，讓鳳梨蝦仁蛋炒飯在口味與口感上，有了更細密、華麗的層次感。

而講起福記的招牌，不得不推牛小排濕炒飯。炒飯裹著鹹度得宜的醬油與蛋香，米粒香鬆、粒粒分明；牛小排厚度適中，滑嫩卻帶有嚼勁，加上微辣的咖哩沙茶，齒頰透著牛肉香氣，是許多客人每天吃都吃不膩的絕妙好滋味。另外，對於不嗜辛辣的顧客，店家的滑蛋牛肉燴飯也是不錯的選擇，醬汁以素蠔油為基底調味，牛肉吃來鮮香滑嫩，同樣令人讚不絕口。

精緻優雅 甜蒔手作甜點

由兩位七年級生的基隆姊妹所打造的溫馨小舖，「甜

蒔—蘿莉塔法式手工甜點」，是個從外觀就讓人感到非常溫暖舒適的角落。姐姐劉倩如說：「我們從小就愛吃甜點，也因此開始學做甜點，但有時吃甜點會感覺不舒服，後來才知道食材的品質跟新鮮度是關鍵……」言談間充滿了手作甜點的熱情。

兩姊妹也各有擅長，姐姐製作新鮮的水果蛋糕、妹妹則專攻千層蛋糕與手工塔。店家的食材原料多取自日本與法國知名品牌，並採用台灣當季的新鮮水果，因為對她們來說，甜點是最喜歡的東西，當然要用最好的材料

來製作。而這樣的真誠滋味果然也獲得相當多的愛好者相挺，尤其開了實體店面後，許多等不及宅配的客人，還會專程跑來基隆自取甜點，或選擇每天現做的三到六款甜點來購買。

店家招牌像是季節限定的新鮮草莓塔，塔皮以法國無鹽發酵奶油手工揉製，靜置一夜讓它充分鬆弛，如此烘培出來的塔派，口感才會甜沁香酥。再用加入新鮮香草豆莢的卡士達醬鋪底，細密的疊上鮮豔、扎實、充滿新鮮香氣的大湖草莓，其滑順香濃卻又清爽的甜蜜滋味令人印象深刻。

甜蒔推出的千層蛋糕，有北海道鮮奶、伯爵茶鮮奶、草莓鮮奶等多種口味，其中北海道鮮奶尤其受到顧客歡迎。劉倩如透露，為了使餅皮軟Q好吃，麵糊都得經過一日的靜置發酵，煎餅時更要充分掌握火侯與糊量精準，才能把餅皮的厚薄掌握得恰到好處。層層勻緻堆疊的蛋糕，入口即化，滋味甘順濃郁卻不覺甜膩，也非常推薦搭配一杯店裡的小山園抹茶拿鐵一起享用。

另外，店裡的香草鮮奶油白葡萄戚風蛋糕也很值得品嘗。為了追求膨潤雲朵般的口感，以鬆軟細緻的香草戚風蛋糕為底，鋪上法國鮮奶油，再搭配一層白葡萄、一層新鮮無花果，頂層再用白葡萄點綴，除此還特別加入龍眼蜜，不但凸顯了白葡萄的清甜更提升滋味層次，還有一種不落俗套的優雅風味，十分迷人。

日常生活　多好咖啡

在熙來攘往的市場角落，有一家木質設計的溫潤系咖啡館，咖啡店老闆是七年級末段班的年輕女孩莊怡安，她說：「在充滿叫賣聲、吵雜的市場中，更能感受到生命的迷人氣味。」於是她用自己的感受，為咖啡店名取名多好，就是希望來的客人都能感受到「來基隆多好」！

個性外向活潑的莊怡安說起話來非常動人，她說店裡特別設計的吧檯區，除方便一個人來喝咖啡的客人外，也方便她與客人恣意交談，「我喜歡跟人接觸，而喝咖啡就跟吃飯一樣，也應該是生活的一部分。」雖然開幕的時間還不長，但莊怡安對整個市場卻是瞭若指掌，彷佛從小就在這兒長大，而許多攤商也把這個可愛的年輕女孩當成自己的兒孫輩，有好吃的總是不忘她一份。或許有人不愛市場裡各種濃郁撲鼻的混雜氣味，但對她來說卻是一種溫馨的共鳴。

有別於一般坊間的摩卡咖啡，店裡自創的花生摩卡咖啡，除了撒上濃郁的法國可可粉外，還加了一層花生粉，莊怡安說這個靈感來自市場裡賣的麻糬。喝來不但保有

花生香氣，還吃得到花生顆粒，口感層次也大為豐富，花生摩卡不僅成為多好的招牌咖啡，更被擁護者暱稱為「基隆拿鐵」。

說到手沖咖啡，當然就不能不提莊園咖啡，雖然基隆人偏好傳統的曼特寧或藍山等，中、重度烘焙的咖啡，但來到這裡不妨也試試帶有微酸風味的耶加雪夫，其淺烘焙的柑橘味，喝來非常淡雅清爽，放冷後果酸更為明顯豐盈。

店裡的甜點每天略有不同，但燕麥餅乾及戚風蛋糕是最常見的兩款，通常也是限量供應，賣完就沒了。莊怡安還特別以燕麥餅乾設計了一款蜜香拿鐵，在拿鐵咖啡中加入燕麥碎餅及蜂蜜，入口感覺蜜香十足，感覺像是在「喝」甜點一樣，還有厚奶泡帶來如慕絲般的滑順感。

仁愛市場有了多好咖啡的加入後，過去將逛市場視為家庭責任重擔的婆婆媽媽們，開始學著到市場咖啡館暫歇一會兒、留一段屬於自己的空白時間，於是喝咖啡成了市場中的時髦話題，也為這個歷史悠久的複合式市場，注入更多元的生命力。

櫻握壽司

基隆市仁愛市場 2 樓 A12

營業時間：10:00-14:00

公休：週一

福記小吃

基隆市仁愛市場 2 樓 A35

02-24246061

營業時間：11:00-15:00；16:00-19:00

公休：週三

多好咖啡

基隆市仁愛市場 2 樓 B31 號攤

0963-376397

營業時間：10:00-18:00

公休：週二、週三

甜蒔 - 蘿莉塔法式手工甜點

基隆市仁愛市場 2 樓 C11

02-24261950

營業時間：週五至週日 12:00-18:00

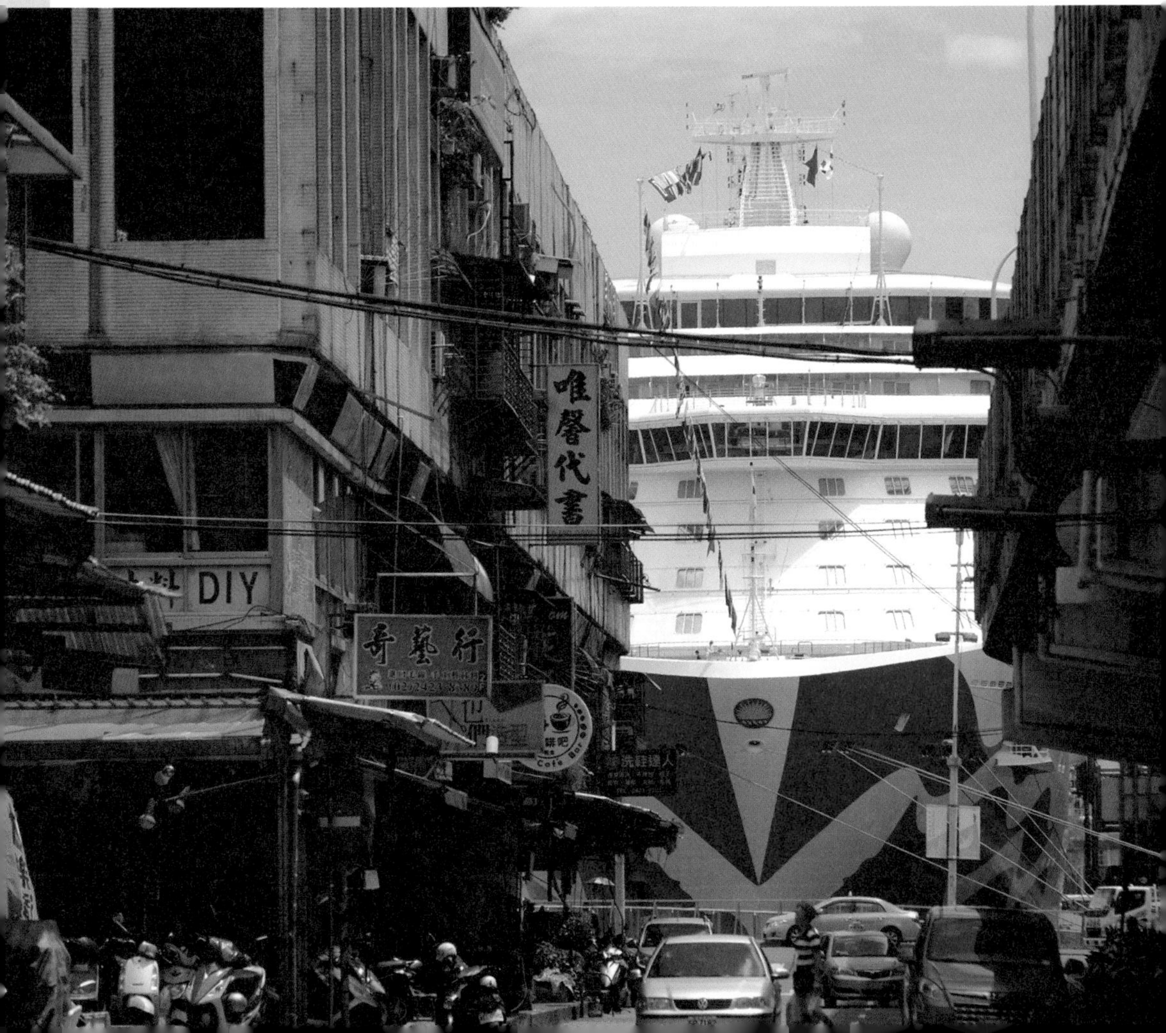

最夯景點人氣美食

正濱漁港

圖片提供／謝志煌

正濱漁港前身是日治時期的基隆漁港，於一九三四年竣工啟用。當時日人積極投入資本與技術，引進先進的漁具、漁法，因此各種漁港所需要的公共設施完備，漁業相關產業也很蓬勃，加上距離台北很近，交通機能條件良好，使得基隆漁港在當時迅速成為北台灣最大的漁港。一九四六年漁港行政地名由日治時期的「濱町」改劃分為正濱、中正、中濱三里，因而也有了正濱漁港之名。

今年（二〇一八年）基隆通過景觀自治條例，市府擇定正濱漁港做為景觀改造示範地點，在市民、團體、學生及工作坊的討論跟參與下，藉由色彩塗佈計畫，為正濱漁港增添了浪漫的色彩。現在的正濱漁港不僅成為基隆最新社群軟體的打卡熱點，也讓周遭居民感受到不一樣的生活質感。

基隆限定 手工炭烤吉古拉

如果你一早來到正濱漁港，聞到陣陣炭烤香魚糕的撲鼻香味，不用懷疑，那就是基隆馳名、新鮮製成的「吉古拉」的味道！基隆人親暱稱呼的吉古拉，其實就是大家所熟知的竹輪，因為日文的竹輪（ちくわ）聽起來就像「吉古啊」，所以基隆人在麵攤、市場就這麼「ちくわ」、「吉古啊」的叫久了

以後，就變成了「吉古拉」。

由於基隆漁鮮豐富，因此在日治時期就有不少的日本人，帶著製作魚糕、魚板、竹輪等技術來基隆做生意。炭烤吉古拉的老闆娘阿雲表示，像她爸爸就曾在小學時候跟日本人學做魚板、竹輪，也因此習得了技術。所以大概在四十幾年前，父親便以製作竹輪來維持一家生計，而阿雲也因為從小就會在家裡幫忙，於是對製作竹輪相當熟悉。

不過做吉古拉可真不是容易，阿雲說：「凌晨三點就得來打魚漿外，魚漿的黏度還會與魚的鮮度、天氣狀況有關，因此魚漿的打法也都不一樣，這些都得靠經驗才能完成。」雖然現在透過長期合作、跟信賴的廠商批貨，已經不用親自到市場挑選就可以買到很好的漁貨，但畢竟影響吉古拉滋味的關鍵就在魚漿，所以一點也不能馬虎。

打好魚漿後，就要將魚漿裹上鐵管。阿雲說：「以前都是裹在竹子上，但因為竹子有結，必須修到平整還要上油後才能用，加上竹子有水氣，所以處理起來比較麻煩。」於是在衛生安全跟工序考量下，現在大部份的手工竹輪都改用鐵管取代。阿雲還說做魚漿的功夫，就算是他兒子回來接手也至少要學半年以上，沒有想像中的容易，「如果裹不好，做好後會拔不下來。」

炭烤魚漿的工作就由老闆涂 a來負責。涂 a說烤的人除了要能耐熱外，炭的材料跟炭烤技術也都要講究，「以前因為成本考量

大多使用相思或龍眼木炭，但其實熱度不夠、灰多，效果並不好。所以現在我們改用越南紅木木炭來烤，不僅溫度夠高，灰也變得比較少、比較不嗆。要把吉古拉烤得漂亮，炭火一定要燒透、均勻。」

製作現場成觀光勝地

經歷了一甲子以上的歲月，基隆的吉古拉不只在名字上有了變化，就連作法跟外型也早與跟日本短胖的ちくわ不一樣。什麼原因讓基隆的吉古拉變得如此瘦長？阿雲笑說：「應該是因為經歷過幾次漲價的關係。」四十多年前一枝吉古拉賣兩元，現在一枝賣十二元，雖然就原物料上漲的幅度來說，吉古拉已經相對便宜，但可能是因為台灣人樸實古意的個性使然，「所以每次漲價，就儘量把吉古拉捏長一點，雖然魚漿份量一樣，但視覺上總覺得有一點補償。」才知道吉古拉的演進，還有這麼可愛的原由。

問阿雲選擇在正濱漁港做吉古拉是否有觀光考量？她直率的說，主要是因為製作吉古拉會造成聲響與高溫，所以選在正濱漁港這樣空曠的空間製作才不會吵到鄰居，也多少能藉著港邊的海風，為炎熱的炭烤作業帶來一絲涼爽。但沒想到搬來正濱漁港後，卻意外引來聞香而至的遊客，甚至受到許多網友與媒體的矚目，後來生意也越來越好，好到現在現場都不一定買得到。

看著店裡排著一簍簍的吉古拉，客人可能會覺得奇怪，明明很多但怎麼會不能買？其實這是因為吉古拉烤好後，還要吹冷後才可以拔，不然容易變形。「現在一天大概烤一千多條，但還是不夠，加上還有預訂的訂單，所以有時沒辦法提供現場零售，真是很不好意思。」所以喜歡炭烤吉古拉的遊客，最好先預訂以免向隅。

「或者可以跟我們訂冷凍宅配，因為冷藏只能保鮮一天，但冷凍可以保存一至三個月。」尤其涂 a說手工碳烤吉古拉沒有防腐劑，所以如果遇到外縣市的客人要買，他常常也不敢賣，因為擔心客人隔一段時間才回家，吃起來味道會不一樣，所以冷凍宅配的吉古拉反而更適合。

不過，雖然不一定能在正濱現場買到吉古拉，但其實遊客還是可以在基隆很多小吃攤吃到涂 a的炭烤吉古，因為有很多店家都是跟涂家鋪貨。如果想要去漁港現場看吉古拉製作，建議儘量避免夏天，因為阿雲說：「夏天來會很熱啦！」

防空洞裡享美食 河豚很多

基隆主題餐廳很多，像是河豚很多就是很有特色的一家。然而相對於許多靠著空間規劃或人工裝飾打造出來的主題餐廳，座落在防空洞裡的河豚很多，卻利用原有的裸露岩壁及冰冷觸感，與餐廳自然融合成獨一無二的迷人特色。店長蘇雅音說，很多初次來到店裡

用餐的客人都會驚訝地問：「這是真的防空洞嗎？」

基隆是擁有悠久歷史的海港都市，集丘陵、河谷、海岸、湖泊和離島等地景於一身，加上地處北台灣的要塞與重要的門戶，自古以來就是兵家必爭之地。重要的戰略地位，使基隆在面對戰爭時總是首當其衝，於是也留下了許多無法詳數的防空洞。目前光是有列冊的就有六百多個，推估還有不少尚未被發現或是遺漏的，但不管是天然海蝕成形，抑或是人工開鑿的避難所，這些防空洞確實都成了基隆獨特的地景之一。

走進河豚很多，看見裸露的岩壁，讓人有一種進入洞穴的真實感。這個傳說是由日本人開鑿出的避難「緲康」（台語防空洞之意），在昏黃的光影伴隨下，呈現時光隧道般的奇幻感受，也彷彿是置身電影場景中。在這裡不需要刻意的妝點，大自然的變化自是融入客人用餐的環境裡，像是下雨時四周岩壁汩汩地滲出水來，或者冬天外面下大雨，防空洞內也跟著下起了小雨，滴滴答答的滲水聲，也成了用餐時最天然的交響伴奏聲。

蘇雅音說，因為餐廳經營者自小家裡就有防空洞，所以當他一看到這間洞穴在出租時一眼就愛上，也不管防空洞中岩壁及地面是否滲水、室內光線幽暗或廚房難打造等，種種不利餐廳營業的條件限制，立即決定以這裡作為餐廳搬遷後的新址（原址在碧砂漁港）。她回憶說剛開幕時有時雨還大到幾乎一半以上都在滴水，濕潮之氣無法散去，所以總是汗流浹背，幸好後來在岩壁旁開了水溝才順利解決了問題。

往昔的不利因素，現在卻成了餐廳獨一無二的特色，而外地來的遊客總是能按圖索驥、費盡心思地尋到河豚很多來。尤其一鑽進防空洞中，人們都會露出欣喜的笑容，畢竟這裡不僅環境新奇，菜色更沒有辜負旅客們的期待。店家利用當地漁港及自家配合的漁船直送的海鮮食材，做出一道道美味佳餚，讓大家大口吃著最鮮的海鮮，體驗基隆人曾經的防空洞日常。

海鮮肥美 料多好滋味

小卷披薩是夏季不容錯過的旬味，餅皮鋪上包括小卷、淡菜及鮮蝦等多樣海鮮，吃起來還特別有股夏威夷披薩的清爽滋味。只

是，由於小卷披薩要進爐烤上二十分鐘才能上桌，人多時可得要耐心等候。

另外，店裡供應的白酒蛤蜊義大利麵有一大特色，就是蛤蜊量多到讓人驚訝。簡單的蒜香蛤蜊淋上白酒去腥，細扁麵吃來Q彈帶點嚼勁，口感真不賴，海鮮的自然鮮甜味取代了任何的調味品，只加了海鹽佐味，更能突顯出料理單純的美好。

針對吃義式麵、飯喜歡搭配濃郁醬汁的人，河豚很多的威尼斯青醬海鮮燉飯是不錯的選擇。羅勒加松子炒出的青醬以蒜碎提味，再加上豐富的海鮮料，米粒吸飽了湯汁吃來不會過硬，青醬香氣更是誘人。

看來黑嚕嚕的透抽義大利麵，一向高居熱門點餐排行的前三名。墨魚加了辣椒、九層塔及蒜頭來炒，吃來微辣更是提味，若正值基隆鎖管的盛產季節，這盤麵條的透抽就會更加肥美多汁。吃美食當然也少不了要搭配飲料，尤其夏日的漁港邊，很適合來杯沁

涼的水果冰茶。以紅茶加水果醬調製而成的冰飲喝來消暑，色澤也繽紛，特別受到女性朋友的歡迎。

一覽漁港美景 熊豆咖啡

在漁港邊上靠近中正路的熊豆咖啡，不僅擁有可以一覽正濱漁港的絕佳窗景，還有超讚的咖啡跟甜點，是一家無論獨享或團聚都非常適合的溫馨好店。熊豆咖啡店主兼主廚的楊立宜是一名七年級生，因為不喜歡辦公室的生活，所以原本在海洋大學附近賣起炸雞排，但本著對咖啡的興趣，她在賣雞排的四年期間，也一邊學烘豆，最後也順利拿到烘豆師與義式咖啡師的證照。

二〇一六年才開業的熊豆咖啡，因為咖啡美味、餐點好吃，很快就擁有一大票忠實主顧。據常客表示，剛開始是因為景很棒被吸引進來，沒想到這裡的甜點跟咖啡都意外地好吃，所以現在都是攜家帶眷一起來報到。

自家烘焙的咖啡豆，是熊豆的專業也是特色。店裡通常大概會準備十種左右的自烘咖啡豆供客人選擇，在不同的咖啡香氣與風味下，無論做成手沖單品或冰滴都各有特色令人回味。如果想要帶回家品嘗，除了可以直接選購咖啡豆外，熊豆也有掛耳咖啡包可供選擇。

除了咖啡，熊豆店裡的點心也都很不簡

單，每一道餐點也都是出自楊立宜的巧思與心意。她說之前會選在正濱漁港開店是因為自己很喜歡釣魚，想說放假時可以就近去釣魚，「但現在公休日我也是跑回店裡研究、開發新的菜單。很多客人來喜歡點我們的『當日隱藏版菜單』，這隱藏版菜單都是我依照季節變化研發出來的餐點。」雖然辛苦，但看得出來楊立宜對於工作其實樂在其中，也因為有這樣的講究與勇於挑戰的用心，讓熊豆的餐點總是可口又充滿驚喜。

比如熊豆季節限定的草莓生乳酪，以香脆微甜的碎巧克力餅乾做底，中間舖上一層新鮮草莓後，再舖一層用電鍋蒸過、甜酸都調整得恰到好處的起司優格，是一道層次豐富，又清爽怡人的甜點。單吃的話就已經沁甜不膩口，若再搭配單品黑咖啡更是相得益彰。如果錯過了草莓的季節，同樣的生乳酪甜品還有香檸跟藍莓兩款口味，也都非常值得推薦。

美味午茶 甜鹹皆宜

曾聽人家說過，「想瞭解一家餐館的功力，不妨從提拉米蘇下手。如果感覺對了，通常這家餐館其他的菜餚也不會讓你失望。」熊豆的長銷人氣甜品「美麗的提拉米蘇」，真的也就應證了這樣的說法。

之所以取名叫「美麗的提拉米蘇」，是因為這道甜點的食譜是由日本甜點老師森美麗（Mirei Mori）親自傳授。曾在法國凡爾賽宮糕點店接受培訓的森美麗，幾年前到訪台灣時，楊立宜跟朋友就特地前去拜師學藝。提拉米蘇中的手指餅乾，泡過熊豆自家烘焙的濃縮咖啡酒，吃來猶如蛋糕般柔軟又可口；以義大利馬斯卡彭起司、鮮奶油與天然香草糖打出來的餡料，清甜又綿密，和著法國無糖可可粉，香氣芳醇迷人，在口中散發著屬於成熟卻又不苦澀的甜點韻致，讓人十分難忘。

如果喜歡鹹品，一定不能錯過熊豆的法式海鮮鹹塔。為了讓塔皮充分的鬆弛，楊立宜必須在前一天就把塔皮打好，現場再與調味過的台灣草蝦、透抽、花椰菜、涂大的吉古拉、起司及蛋液等一起烘焙。鹹塔外皮香酥，內部餡料豐富又柔軟滑潤，是一道取用基隆新鮮食材、具有地方特色，又令人感到滿足、愉悅的美味鹹點。

另外熊豆的古早味拿鐵，也別具特色。所謂古早味拿鐵，其實就是把基隆的椪餅加在拿鐵上品嘗。與南部椪餅的口感不一樣，基隆椪餅也有人稱呼「酥餅」或「泡餅」，外面是一層一層的酥皮，內餡薄而微甜。在基隆椪餅常被加在杏仁、花生、紅豆等甜湯一起吃，一半香酥一半軟嫩的口感，是許多基隆人的心頭好。

而這椪餅加拿鐵的新吃法，來自楊媽媽的創意。楊立宜說：「有一天我媽煮好咖啡後，順便把家裡有的椪餅加上去給我當早餐吃。我一邊吃一邊又加了牛奶，然後邊喝邊攪，覺得還蠻好玩跟對味的，所以就把它放到店裡的菜單上。」沒想到這古早味拿鐵，不僅吃法另類有趣，還相當具有基隆味呢！

熊豆咖啡
基隆市中正路 579 之 1 號
02-24631112
營業時間：週日至週二、週四
13:00-20:30
週五、週六
13:00-21:30
公休：週三

涂大的吉古拉 - 手工炭烤吉古拉
基隆市正濱路 27 號
0921-140048
營業時間：8:00-12:00
公休：週一

河豚很多
基隆市中正區正濱路 88 號
02-24635857
營業時間：11:30-14:00；17:00-22:00
公休：週二

孝三路

走趟美食江湖，沒有餓的可能

關於聞名遐邇的基隆孝三路，只要輕輕地在網路搜尋一下，就可以得到一連串密集的人氣美食名單：廖媽媽珍珠奶茶、簡家蚵仔煎、孝三路魷魚羹、長腳麵食、李家鍋貼饅頭、孝三大腸圈、老戴豆漿大王、天天鮮排骨飯、郭記酸辣粉、豬肝腸海鮮店、品辰素食麵疙瘩、賴家水煎包、魯平豆漿……等等。可以說從凌晨三點到深夜十點，無論四季或是晴雨，人們永遠可以在孝三路上找到符合胃口又溫暖人心的平價美味。

因為這裡一直都是碼頭工人、報關行員工，以及每日通勤工作與讀書的基隆人覓食所在，故也有人以「基隆的美食江湖」來形容它。然而如果實地再靠近一點，你就會理解孝三路上的滋味之所以美，其實多半是源自於一種「做事人疼惜做事人」的真誠。

真材實料　基隆孝三路大腸圈

從海洋廣場這一側走進孝三路，很快就能找到九十九巷，在這條巷子裡並排著鍋貼饅頭、大腸圈與長腳麵食等，非常有特色的人氣美食。然而位在中間、店門口寬廣明亮，也總是有著長長等待隊伍的，就是鼎鼎有名的基隆孝三路大腸圈。

提起孝三路大腸圈的故事，老闆娘林玲妃說，她的先生程俊明是第二代經營者，身為家中長男的他，從小就跟著母親推著攤車在廟會、市集做各種生意，「我先生小學三年級開始，就在市場打魚漿做豆干包。」所以談到退伍後便開始在店裡學做生意的先生，林玲妃既心疼也引以為榮；而講起自己的婆婆，林玲妃更是滿心感謝。

她說在還沒有推出大腸圈之前，他們也曾經有過一段沒有招牌主商品的歲月。當時林玲妃的婆婆跟先生雖然有著十八般武藝，但可惜攤車生意並不穩定，直到婆婆後來試著用新鮮的腸衣做成尺寸較小的大腸圈，讓客人買了以後可以很方便地拿著邊走邊吃，才闖出名號。加上大腸圈不僅美味又能吃飽，也避開了小攤車沒有提供坐位的缺點，滿足每天在孝三路來往通勤人潮的需求，因而大受歡迎，開始在生意上站穩腳步。

尤其十多年前被電視節目《鳳中奇緣》介紹後，更是打開了孝三路大腸圈的全國知名度。接著又獲得許多媒體的採訪報導，加上近年部落客、網路名人的口碑加持，使得慕名而來的客人也越來越多，因此孝三路大腸圈也才能在二〇一五年搬到現在的店面裡頭。

小菜豬雜 鮮美過癮

大腸圈其實就是糯米腸，只是名稱不同，但似乎只有基隆人才叫它做大腸圈。然而不只有稱呼特別，基隆的大腸圈在作法及口味上也有其獨特之處。好比中南部多以生糯米加花生、香油、胡椒等調味，灌入腸衣後再下

水煮熟；而基隆的大腸圈，則是先將糯米蒸到半熟後，與蝦米、油蔥、滷汁拌勻，再填入腸衣下水煮，因此口感與香氣上都有不同。

為了讓客人品嘗到最美的滋味，孝三路大腸圈遵循古法，捨棄低廉、簡便的人工合成腸衣，即使清理手續費工，仍堅持用新鮮的豬腸來做腸衣。林玲妃自信地說，她八歲的兒子每天上學都是吃自家的大腸圈當早餐，所以就算每天處理豬大腸時間成本高又很辛苦，也是必須要做的事情，因為「自己不敢吃的東西，也絕對不敢賣。」

孝三路大腸圈的腸衣吃來脆口，輕輕一咬就可以斷開，不會嚼不爛。裡頭油蔥、蝦米與糯米香氣在齒頰間和諧綻放，其雋永的滋味似是一種平凡，卻總是常常令人惦念。除了招牌的大腸圈外，也千萬不能忘記切點小菜搭配，尤其還可以吃到在正濱漁港也很難買到的涂大手工碳烤吉古拉。

另外，蒸鍋裡擺滿的豬雜，更是好吃得讓人驚豔。像是豬肺厚實Q脆、豬心嫩彈有嚼勁，不只沒有任何腥味，還有著自然的甘甜，只要簡單蘸點醬油膏就超級好吃，要是再蘸一點生辣椒醬，吃起來更是鮮美過癮。林玲妃說，現宰的溫體豬內臟每天一送到就要即刻處理、新鮮現煮，而且「不泡藥、直接煮到透」，就是處理豬內臟的祕訣。沒賣完的剩食會送往慈善團體，不會留到隔日再賣。

林玲妃說自己還沒認識先生以前，是個每天通勤台北的上班族，也曾有一陣子工作不如意、考慮回基隆做小吃生意，那時她的嬸嬸就曾教林玲妃處理過大腸。只是當她蹲坐在一百斤的豬腸前奮戰了一整天後，便在心裡跟自己說：「這輩子絕對不要做這個！」但沒想到就像難逃的緣分一般注定，林玲妃終究還是嫁給了家裡做大腸圈生意的先生，更與他一起攜手努力守住這塊招牌，守住如同家人一般的安心與溫暖。

行家美味　遠東賴家水煎包

雖說一般對水煎包的印象都是當作早餐，但每次經過孝三路賴家水煎包，無論是中午還是下午，卻總是可以看到排隊購買的人潮。細數了一下，光是在店內忙碌的工作人員就有七個，有的雙手不停地包著包子，有的負責揉麵糰、結帳，還有一個人得顧著三口大平底鍋，抹油、排包子、加水、撒芝麻……等等。但老闆賴先生卻說，這還只是一部份，內場還有一班員工輪班才做得來。

一顆不過十多元的水煎包生意，能做到這樣的規模，其辛苦可想而知。但即便辛苦，只要能以辛勞換得安穩、溫飽，對賴老闆來說，就已經是相當地感恩與踏實。

聊起創業歷程，賴老闆歷歷在目。他說自己本來是在開計程車的，直到有一天，一場意外讓他遇見生命中的貴人，才有後來轉做小吃生意的契機。當時為了養家，賴老闆只要沒達到預定的業績就會繼續工作，也因此從早到晚都在開車。但有天深夜他實在太過疲倦，不小心擦撞到一位剛退伍的年輕人。

他說，這位年輕人叫做林文海，待人相當和氣，和他聊天之後賴老闆才知道，林文海當時跟母親兩人在迪化街賣水煎包，生意還算不錯。一直有創業想法的賴老闆，後來每天下午都去迪化街觀摩林文海的生意，當他們忙

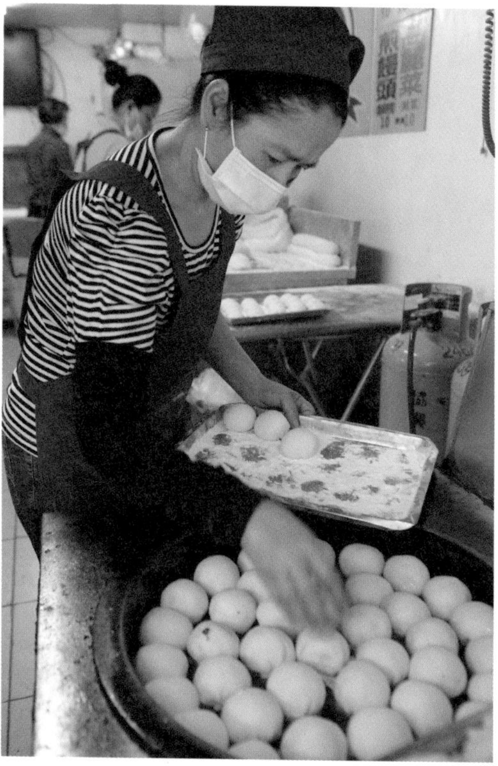

不過來時還會主動幫忙。大概幫忙了一年半後，林文海才開始教他做包子，「因為做吃的生意很辛苦，所以他先觀察我，確定我能吃苦後才肯教我。」

皮薄餡甜 原味就好吃

學成之後，賴老闆先是在基隆忠三路上賣起水煎包，不過他說剛開始的口味並不符合基隆人的喜好，那時一天兩百顆包子都賣不完。後來他一邊做生意一邊摸索，

更曾親自跑去上海學做生煎包，如此一步一腳印、不斷精進下，生意才總算越來越好，也才能在二〇一三年搬入位於忠三、孝三交叉路口的店裡。

賴家的水煎包，主要有肉包、高麗菜包、高麗菜肉包，跟韭菜包等四種口味。底部煎得金黃酥脆的招牌高麗菜包，薄薄的麵皮咬起來卻扎實又有麵粉香氣，適度而不張揚的調味，讓高麗菜餡呈現最自然的爽脆鮮甜，光是原味就很好吃。賴老闆說，皮能做到這麼薄是因為麵粉的筋度夠，內行人只要看到這麼薄的皮，就會知道店家的用心程度。而高麗菜好吃的祕訣，就在堅持採用台灣在地新鮮的高麗菜，也切得比較大塊來保留口感。

而包子上有一粒蔥花的就是肉包，除了採用本地新鮮溫體黑豬肉外，賴老闆還表示，內餡蔥的比例是蔥白跟蔥綠各半，再以獨家祕方高湯來調味。肉包吃起來肉汁甘甜，齒頰瀰漫著恰到好處的蔥香、芝麻香與麵香，同樣不加醬就非常有滋味。

喜歡重口味的人，也一定不能錯過這裡的韭菜包。軟嫩的韭菜吃起來香氣濃郁，Q嫩的豆干丁與多汁的肉餡結合鮮甜可口，讓人充滿元氣。另外，「煎饅頭」是店家離峰時間限定推出的夢幻逸品，賴老闆說本來是沒有在賣，是後來應客人要求才開始製作。但因人手不足，煎饅頭得要在離峰時間，大概是中午左右才有供應。只要是吃過的朋友都極力推薦，美味值得一試。

思念阿嬤的手藝 珍讚滷味

雖然孝三路一直以來因為有許多美食老攤而名氣響亮，成為觀光客來到基隆必訪的區域之一。不過有著「基隆美食江湖」之稱的孝三路，可不是只有老店的榮光，這個屬於基隆人日常的美食舞台，還有著許多像珍讚滷味一樣有實力的美食新星。

雖然營業時間較晚，觀光客相對較少，但珍讚滷味

光是滷鴨翅一個月還是能賣出三千支。

「其實那還是兩年前的成績，現在早就超過了，但我們實在也沒力氣去估算。只知道鴨翅上架都是用倒的，因為連整理排面的時間都沒有，就已經被搶購一空。」人稱「海大食科姐」的邱淑庭說。邱淑庭是珍讚滷味老闆阿生師的外甥女，從海大食品科學系畢業的她，除了把舅舅的美味滷味帶到海大開分店外，也運用自己的專業將滷味做成真空包裝在網路販售。

指著滷味攤後方的熱炒店，邱淑庭說，其實舅舅的本業是做海鮮熱炒，後來因為想念雲林阿嬤的滷味，才開始在門口擺起滷味攤。「我們在雲林是一個大家族，因為子孫很多，所以阿嬤常常會做滷味給我們吃。」邱淑庭說，阿嬤希望子孫們吃得健康，所以從不加醬油，只用中藥滷包跟鹽巴做成白滷味。

因此舅舅也是以阿嬤的中藥滷包配方為基礎，再以基隆人喜好的口味來調整，最後研製出不會太甜又不死鹹、溫潤入味，屬於基隆的珍讚滷味。

不只在滷包與滷法用心，珍讚在食材上也很講究，尤其是鴨、豬、雞等肉類處理細緻，只要一吃就能感受得到。比如珍讚的豬皮就處理得非常乾淨，沒有任何細毛與肥油，滋味鹹香外口感更有如果凍般Q彈。就有客人表示原本不敢吃豬皮，但她不只是吃了珍讚的滷豬皮，還愛不釋口。

除了鴨翅、鴨舌、豬腳筋、雞心外，珍讚的人氣商品相當多，像是滷得又香又軟的雲林土豆，也是許多顧客的心頭好。還有金針菇、杏鮑菇、秀珍菇跟木耳等綜合菇類，鹹香勻透又滑嫩爽脆，讓人回味無窮。

有別於許多重鹹、重甜的滷味，珍讚滷味本身就有一種滋味絕妙的勻稱感。但如果敢吃辣的話，也一定要加一點阿生師以雲林朝天椒、蒜頭煮製成的辣醬，那毫不矯揉造作的直爽香辣，直叫人大呼過癮！

基隆孝三路大腸圈
基隆市仁愛區孝三路 99 巷 3 號
02-24280579、0932-258621
營業時間：週二至週六 10:00-19:00
週日 10:00-17:00
公休：週一

遠東賴家水煎包
基隆市忠三路 91 號
0981-740890
營業時間：05:15-17:30

珍讚滷味
基隆市孝三路 46 號
02-24251096
營業時間：週一至週五 16:30-24:00
週六、週日 17:00-24:00

冰茶
滋味
湯梅
解渴
銷售第一名
水槍~100元
100元挖沙組
挖沙桶玩具
奧利多
07.25.2018

救生衣
各式泳圈泳具
充氣船(大中小)
遮陽帳
太陽傘(大小)
出租

國家圖書館出版品預行編目資料

市長的口袋食堂：林右昌 x45 家基隆美食/ 林右昌作.
-- 初版. -- 臺北市：商訊文化, 2018.11
面；　　公分. --（生活系列；YS02123）

ISBN　978-986-5812-79-9（平裝）

1. 餐飲業　2. 基隆市

483.8　　107018697

商訊文化
生活系列｜YS02123

市長的口袋食堂

作者／林右昌
出版總監／張慧玲
編製統籌／陳靜萍
責任編輯／吳孟芳、吳錦珠
美術編輯／黃維君
封面設計／黃維君
封面攝影／陳逸宏
採訪撰稿／陳靜萍、林宜錦、孫守萱
攝影／陳逸宏、高凱新
封面、內頁插畫／黃維君
校對／陳靜萍、吳錦珠、羅正業、翁雅蓁

出版者／商訊文化事業股份有限公司
董事長／李玉生
總經理／李振華
行銷發行／胡元玉
地　　址／台北市萬華區艋舺大道 303 號 5 樓
發行專線／ 02-2308-7111#5607
傳　　真／ 02-2308-4608

總經銷／時報文化出版企業股份有限公司
地　　址／桃園縣龜山鄉萬壽路二段 351 號
電　　話／ 02-2306-6842
讀者服務專線／ 0800-231-705
時報悅讀網／ http://www.readingtimes.com.tw
印　　刷／宗祐印刷有限公司

出版日期／ 2018 年 11 月　初版一刷
定價：320 元